邪恶的虫子

WICKED BUGS

The Louse That Conquered Napoleon's Army
&
Other Diabolical Insects

〔美〕艾米·斯图尔特（Amy Stewart）著

〔美〕布里奥妮·莫罗－克里布斯（Briony Morrow-Cribbs）绘图

花蚀 译

First published in the United States under the title:
WICKED BUGS:
The Louse That Conquered Napoleon's Army & Other Diabolical Insects

Published by arrangement with Algonquin Books of Chapel Hill,
a division of Workman Publishing Company, Inc., New York.

献给

我的丈夫 P. 斯科特 • 布朗（P. Scott Brown）

目录

（译者序）

“未知”是最大的恐惧

光是听到“虫子”两个字，大部分人都会头皮发麻，心头一紧。

想想看吧，如今中国的城市居民，在家中最常见到的昆虫就是蟑螂、苍蝇和蚊子，偶然能于厕所中看到有两只翅膀、浑身长毛的蛾蠓，若是在天花板上看到了脚特别多的蚰蜒，仿佛就像是见到了怪物。这些虫子都是家中不甚干净的征兆。

然而，若是你进入乡间或是偏僻的公园、野地，就是完全不一样的光景：树叶上可能蹲着一条肥大、毛刺甚多的肉虫；胡蜂大大咧咧地从人的身边呼啸而过；踢开一块石头，下面可能突然出现一只张牙舞爪的蜈蚣……如此陌生的生物，绝对能把许多人吓一大跳。

恐惧，是对现实或想象中危险、厌恶的事物等产生的惊慌与紧张的状态。虫子让人产生恐惧，一是让人感觉到了危险，二是让人觉得厌恶，但事实上，这些危险与厌恶很大程度上都来源于人的想象。家中突然闯入一只蝴蝶或是蛾子，并不会对人造成实质的危险或是健康隐患，但若是因为惊慌满屋子乱喷杀虫剂，反而更加有害。

因为恐惧，人们无法正确处理突发事件，也无法正视眼前的虫子。

克服对虫子的恐惧，我的办法是了解它们。当你知道没有多少种蜘蛛的毒性强到能伤到人，当你能够区分哪些毛虫有毒而哪些毛虫只是虚张声势，当你了解到蜜蜂轻易不会伤人的时候，就离能够用平常心对待虫子不远了。如果愿意,你可以试着观察蚱蜢啃食树叶，聆听蝉的歌唱，围观螳螂捕食，这都是乐事。当你接受“虫子和我们一样，只是一种自然的生物”这个设定之后，会发现这些造物也挺萌的。

而这本书，可以当作了解虫子的开始。

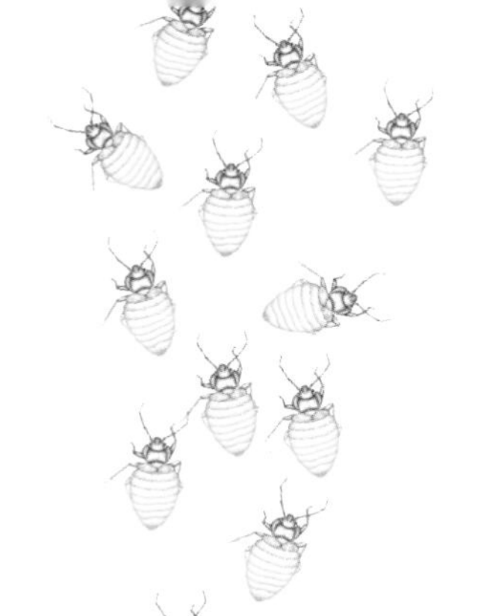
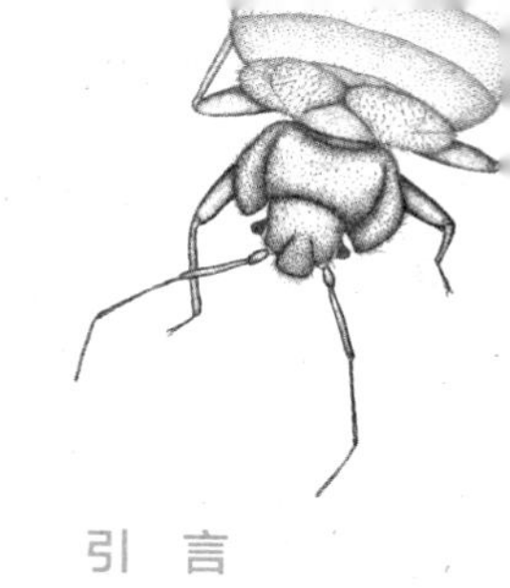

引言

警告：寡不敌众！危险！

1909年，《芝加哥每日论坛报》（*Chicago Daily Tribune*）刊登了一篇文章：《如果虫子们变得和人类一样大》（If Bugs Were the Size of Men）。文章的开头是如此不祥："人类制造的所有破坏，在昆虫面前都是无比幼稚和荒谬的。"这篇报道留下了这样一个问题：如果有一位绝世的魔法师，挥挥手将渺小的虫子变得和人类一样大，再将人类变成昆虫那么小，这个世界会是什么样子？

芝加哥人肯定看到了文中的预警，如果人类和虫子的个头调换一下，那么如下灾难肯定会降临：嗜酒而好斗的巨型独角仙不但可畏而且邪恶；树皮甲虫能摧毁巨大的堡垒；在非洲气步甲的炮击面前，人类军队是那样无力；蜘蛛能够杀死大象，人类在它们面前能够苟活仅仅是因为我们不值得攻击，甚至是狮群都会因为畏惧这些有翼多足的新敌人而瑟瑟发抖。

这篇报道指出：毋庸置疑，虫子们以它们自己的方式变得如此强大却没有征服世界，仅仅是因为它们太小。

真希望这个论调是对的，但事实上，昆虫们已经改变了历史的进程。它们阻止士兵前进，它们将农夫们赶离故土，它们吞噬城市和森林，它们将伤痛、苦楚和死亡强加给亿万人。

这并不是说，虫子们都不干好事。它们为养活我们的植物传粉，它们作为被捕食者，是食物链中不可缺失的一环。在分解过程中，虫子们居功至伟，正是因为它们的工作，叶落才能真正归根。它们中的一些已被证明是有医用价值的，例如丽蝇和斑蝥。它们互相捕食，互相制约。我们的生存不可能离开它们。滥用杀虫剂和摧毁昆虫们的栖息地，危害是如此之大，我们不如学会和昆虫共存，并对它们的那些优良品质心存感激。

但这本书也不是用来赞美昆虫的美德的。在《植物也邪恶》（*Wicked Plants*）一书中，我已经将自己全心全意地奉献给人与自然关系中的黑暗面。有些人认为人类已经足够憎恨虫子了，无需火上浇油。但这些"忠诚地"站在虫子那边的人可能并不愿去探究虫子们的罪恶史。他们期待能用善意的劝告将虫子们扫地出门，他们是否只是因为害怕影响自己的晚餐而不允许使用杀虫剂？

但无论如何，热爱和恐惧都会造成偏见。你家窗台上一只常见的金蛛应该因它有益的行为得到褒扬，而当你在南美旅行时，应该和偶遇的吸血锥蝽离得远远的。学会区分好虫子和坏虫子不需要昆虫学的学位，只需要一点常识和一颗没有偏见的好奇心。而这正是我希望这本书能够给你的——在这个过程中，同时让你有脊椎刺痛般的刺激感。

我不是一个科学家，也不是一个医生。我只是一个痴迷于大自然的作家。在书中的每篇文章里，我会给你讲一些或宜人或可怕的故事，给你提供足够多的关于这些生灵习性与生活方式的信息，让你更容易地去鉴别它们。但请记住，这本书绝不是一本全面的昆虫野外识别手册，也不是一本医学参考书。请不要完全靠它来鉴别虫子或诊断病情。如果你有这样的需求，在本书末尾我列了一张单子，推荐了一系列你可能用得到的书。

在我知道的数千个物种中，我选取了那些我最着迷的虫子写入本书中。我用“邪恶的”（wicked）这个词来概括这些生物，其中包括那些世界上咬人最痛的虫子，例如子弹蚁，它们得名于如枪击般疼痛的叮咬；也包括那些世界上破坏性最强的虫子，例如家白蚁，它们能不声不响地将围绕新奥尔良的防洪堤咬出缝隙来；还包括那些能够传播疾病的虫子，例如东方鼠蚤，正是它们将黑死病带到了欧洲。在历史中，你总能找到虫子的一席之地，它们或摧毁作物，或将人类赶出家园，或者只是将人逼得发疯。这些故事有的怪诞不经，有的是彻头彻尾的悲剧，但每件事情都让我对虫子们的伟力肃然起敬，让我对这些生物产生复杂的感情。

看到“虫子”（bug）这个词，昆虫学家们会马上跳出来，说它具有误导性。而他们的确是对的。大多数普通人用虫子来形容那些个头小，或蠕动或爬行的生物。我们是如此高效地利用这个词来不精确地指称某些事物，好比我们说蛀牙这样的疾病，计算机程序里的瑕疵，甚至是隐藏在灯罩里的窃听器。当然，这些都不是精确的科学观点。严格来说，“昆虫”（insect）这个词指的是有6条腿，身体可分为头、胸、腹3部分，通常有两对翅膀的动物。我们常把半翅目（Hemiptera）称作“true bugs”，它们是昆虫的子集，这些家伙拥有锐利的刺吸式口器。因此，我们能够准确地将蚜虫称为“true bugs”，而同为昆虫但另属于膜翅目（Hymenoptera）的蚂蚁却不是。至于蜘蛛、蠕虫、蜈蚣、蛞蝓和蝎子，它们根本就不是昆虫，而是蛛形纲（Arachnida）或其他与昆虫关系甚远的类别的动物。我无法避免在这本书中提到这些动物，恳请科学家们原谅我将它们囊括进我这宽泛的“虫子”的定义当中。

至今，全世界已经发现了一百万种昆虫。据估算，地球上生存的昆虫有 10^{19} 只。也就是说，我们每个人都能平摊两亿只昆虫。如果你把地球上所有活着的动物排列成一座金字塔，这座金字塔几乎全部将由昆虫、蜘蛛等虫子组成，而其他动物——包括人类——将组成金字塔的一个小角。我们真的寡不敌众。

对于昆虫和它们或蠕动、或扭动、或爬行的亲戚，我要致以谨慎的尊重和毫不掩饰的敬畏。虽然我已充分了解它们，但是我还是无法阻止自己去捏扁一只虫子。但我凝视它们的目光里，带着远比从前更多的惊愕与忧惧。

WICKED BUGS

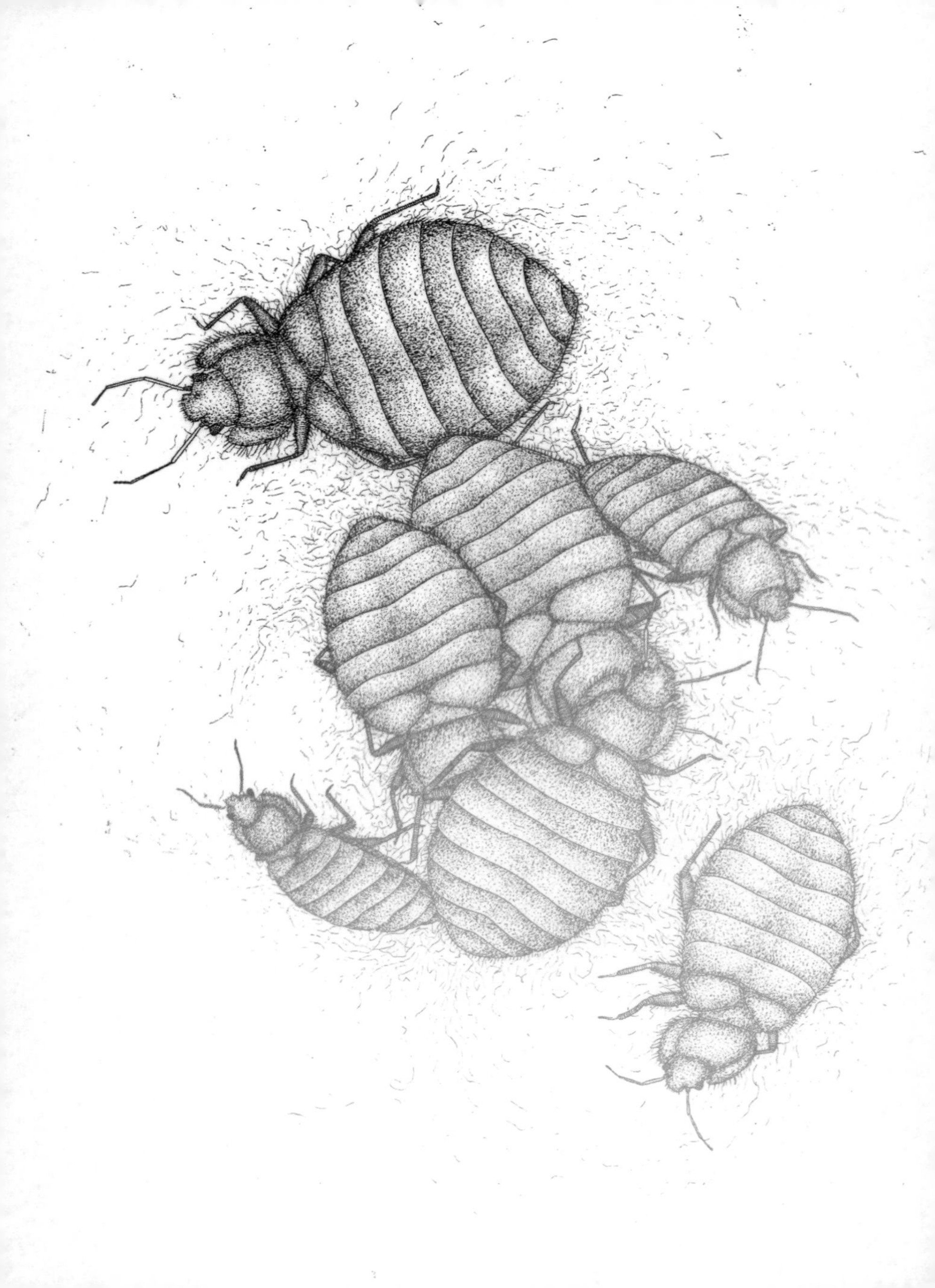

非洲蝙蝠臭虫

（*Afrocimex constrictus*）

大小：5毫米。

科：臭虫科（Cimicidae）。

栖息地：和蝙蝠种群伴生，通常生活在树上或洞穴中，有时候会出现在屋檐或是阁楼里。

分布：非洲蝙蝠臭虫产自东非，但蝙蝠臭虫这一大类是世界性分布的生物，只要是有大量蝙蝠生存的地方，就可能伴生有蝙蝠臭虫，包括美国中西部。

当美国一个北卡罗来纳州家庭在家中发现这种看起来和一般臭虫无异的微小吸血寄生虫时，并不知道这是个多坏的征兆。蝙蝠臭虫的存在喻示着他们家的阁楼已被蝙蝠强占了。

蝙蝠臭虫主要寄生在蝙蝠的身上，但当它们非常饿的时候，也不会拒绝其他的温血动物。它们不需要经常进食——一只成年蝙蝠臭虫一年进食一次就够了——不过若是为了保证繁殖有足够的能量，它们会频繁地从蝙蝠身上吸血。蝙蝠臭虫并不住在蝙蝠身上，它们会在蝙蝠栖息的阁楼或是树洞里找一处温暖干燥的裂缝藏身。当蝙蝠回到栖息之处度过白天之时，它们会爬出来吸血。

因为反感蝙蝠臭虫和它们的宿主,这个家庭联系了一位灭虫者。这位专家建议他们等到秋天再处理。到了那个时候，蝙蝠宝宝们都已经长大到能够自己飞出阁楼了。当蝙蝠都飞离阁楼的时候，他们将房屋的裂缝全部填补好，这样，就将蝙蝠全部赶了出去。但不幸的是，蝙蝠臭虫可不是这么好打发的。

当蝙蝠离开后，蝙蝠臭虫会在屋子里漫游，寻找新的寄主，最终它们找到了人类。它们的叮咬通常会在人的皮肤上留下两到三组肉色、发痒的肿块。一般来说这些肿块害处不大，但如果人挠多了则会导致红肿、发炎。蝙蝠臭虫很少会在咬人的时候被发现，因为只有当寄主睡着了之后，它们才会下口。蝙蝠臭虫 0.3 厘米长的身体是椭圆形的，有着暗红色的皮肤，仅从外表上很难将它们和其近亲普通臭虫区分开来。

尽管和这种生物一起共享一座房子会让人很不愉快，但是如果你知道了蝙蝠臭虫的雌性在与异性进行那最亲密的行为时要忍受多大的痛苦，这种不愉快就根本不算什么了。所有种类的蝙蝠臭虫都进行一种名为“创伤受精”（traumatic insemination）的交配方式，雄虫完全不理会雌虫的阴道，而是往后者的腹部刺入那可畏而又短小锋利的阳茎。精子会直接进入雌虫的血液循环系统，其中的一些会进入它们的生殖系统完成受精的使命，而其他的将会被雌体吸收，消失不见。

在实验室中，蝙蝠臭虫种群里的雌性很快就死绝了，因为它们实在是无法忍受雄性毁灭性的求爱造成的疼痛。

对于雌性来说，这根本就不是一个愉快的过程。在实验室中，蝙蝠臭虫种群里的雌性很快就死绝了，因为它们实在是无法忍受雄性毁灭性的求爱造成的疼痛，它们没有足够的时间让伤口痊愈，也没办法安全地产下下一代。为了解决这个难题，非洲蝙蝠臭虫的雌性进化出了一种全新的名为受精储精囊（spermalege）的结构，它能够引导雄性的“利器”刺向它们腹部特定的位置，于是雌性便能在交配过程中变得好受些。

让事情变得复杂的是，过分热情的雄虫有时候会找错对象，把阳茎刺入其他雄性的体内。雄虫比雌虫更难忍受这种冒犯和痛苦，于是它们模仿雌性进化出了“假冒”的受精储精囊，而且相比之下更为坚硬。这个结构很好地保护了雄虫不被纵欲过度的兄弟伤害，就连雌虫也发现了这一点，于是它们反过来学习雄虫，模仿雄虫的假外生殖器的结构，但实际上这个器官是雌虫先进化出的。这种“雄性模仿雌性反过来又被雌性模仿”的奇怪案例被晕头转向的科学家称为“欺骗的温床”，而这就是蝙蝠臭虫浪漫的扭曲世界。

近亲：普通臭虫和其他一小类靠吸血为生的昆虫与蝙蝠臭虫是亲戚，它们通常只吸温血动物的血液。

她只是没有那么爱你

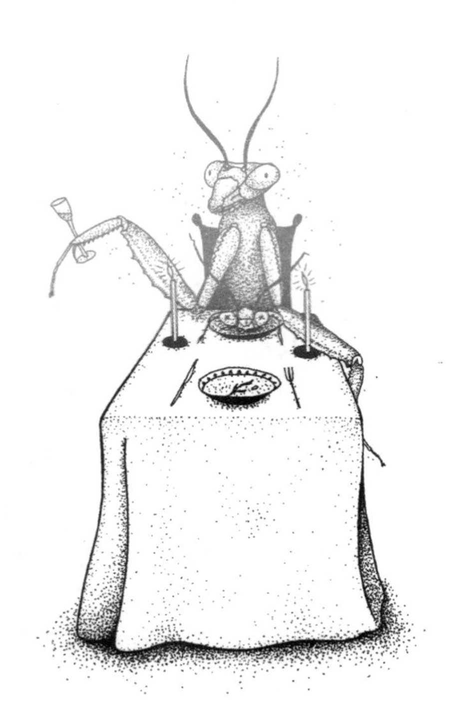

非洲蝙蝠臭虫并非唯一为爱遭罪的生物。其实，富有侵略性、对抗性的交配方式造就了不少可怕的约会，而这种情况是如此惊人地普遍。以下，只是两性战争中恐怖一面的冰山一角。

加州香蕉蛞蝓

Ariolimax californicus

在森林的地面上，加州香蕉蛞蝓是如此地醒目：它们比一根手指略长，拥有明亮的黄色，看起来神似香蕉。在美国西海岸它们非常常见，尤其在加利福尼亚，它们被当作当地特产，备受珍视。加州大学圣克鲁兹分校甚至把这种动物当作学校的吉祥物。

这种表面上看起来很温和的动物，却拥有非常粗暴的性行为。香蕉蛞蝓是雌雄同体的——它们同时拥有雌雄两性的性器官——当它们准备交配的时候，会用黏液在爬过的路上留下记号，来吸引潜在的配偶。当两只欲火焚身的蛞蝓相遇之后，会吃掉对方身上的黏液作为交配的前戏。然后，它们会迅速地评估对方的大小——请照字面意思理解。在交配过程中，蛞蝓的阴茎会刺入对方的身体，为了防止被卡住，它们一般会选择和自己体型大致相同的个体作配偶。之后它们会紧靠对方，将身体弯曲成 S 形以便于交配，在这个过程中它们还会互相啃咬。这就是香蕉蛞蝓正常的交配方式，它们经常因此伤痕累累。

交配中的香蕉蛞蝓会纠缠在一起好几个小时。当最终它们想要分开时，经常会绝望地发现自己被对方卡住了，为了分开，它们没有选择，不得不切断伴侣的阴茎。这种被称作“阴茎截断”（apophallation）的行为看起来是演化中的死胡同。但事实上，这些蛞蝓没了阴茎还能活得好好的，再次交配的时候，它们只需扮演雌性的角色就好了。

变色女巫萤

Photuris versicolor

在夏季的求爱仪式上，萤火虫会利用它们那惹人喜爱的荧光吸引异性。雄虫会整晚发光，以求找到配偶。这种生物会交替发出或长或短的闪光，这些闪光会组成类似于莫尔斯电码的密码，而每种萤火虫的密码都是独有的。雌性萤火虫也会用闪光来回应雄虫，这种闪光也是有“种特异性”的：各种萤火虫之间的暗号互不相同，正是这个细微的差异，让萤火虫们不至于找错对象。

这个系统一直如此公正地运行，直到变色女巫萤和其同类的出现。这个俗称“蛇蝎美人萤火虫”的物种的雌性，也靠闪光吸引配偶，但它们还会模仿另外一种萤火虫的光信号，吸引它们的雄性。当它将受害者骗到自己身边之后，会攻击它，吃掉它。不过后者对变色女巫萤来说并不只是食物，它还能从受害者体内获得一种能赶走敌害的有毒化学物质。这种化学物质不但能保护它自己，也能保护它的孩子。

中华大刀螳

Tenodera sinensis

雌性的中华大刀螳（西方人称其为祈祷螳螂（Praying Mantid）——译者注）并非总会将它们的伴侣吃掉，但这事已经发生得够多了，以至于让雄性不得不如此神经过敏。雄虫会谨慎地靠近雌虫，它们会评估后者最近是否吃了东西。如果雌虫看起来吃饱了，雄虫尚有希望死里逃生。如果雌虫很饿，雄虫会再找一个目标，或是从隔得很远的地方跳到雌虫身上以免被雌虫抓住。

不管雄虫再怎么努力，雌虫总是倾向于转过头，将它的伴侣的脑袋咬下来。当这一切发生之后，雄虫（的一部分）会淡定地继续交配，正如雌虫会把大餐吃完一样完成自己的工作。约会结束后，现场除了雄性的翅膀啥也不会留下。

人们观察到，有幸偷生的雄虫在完事以后多半会在雌虫的背上多待上一会儿。这可不是爱的表现，更可能是它被吓坏了。能够活到这一刻的雄虫清楚地知道现在绝不能进行任何突然的运动。它们会缓慢而谨慎地挪下来，满怀生的希望，安静地逃走。

雄虫会谨慎地靠近雌虫，它们会评估后者最近是否吃了东西。如果雌虫看起来吃饱了，雄虫尚有希望死里逃生。

羽足络新妇

Nephila plumipes

羽足络新妇这种澳大利亚的蜘蛛以其同类相食的习性而引人注目。约有 60% 的交配以雌虫吃掉雄虫收场，呃，事实上，雄虫的身体成了雌虫所需营养物质的一个重要组成部分。更糟糕的是，通常来说，除非弄断自己的生殖器，雄虫是没办法从伴侣身上下来的，所以在雌虫身上常发现有雄虫残缺的生殖器。

虽然这种现象在遗传上有优势——在虫子的世界里，雄性留下一个防止竞争者与自己的配偶交配的“生殖塞”（genital plug）的现象并不罕见——但这种情况却并没有发生在羽足络新妇的身上。即使雌虫身上还挂着前一个配偶断在它体内的残缺生殖器，其他的雄虫依旧可以和它毫无阻碍地交配。

研究表明，因为这样的“难言之隐”，雄虫能够预见到即使自己在交配之后还活着，再和其他雌虫成功交配的概率也不大。所以，交配之后被吃掉也就没什么损失。换句话说，反正以后也不会再有一次和谐的性行为，还不如被眼前这位吃掉——至少自己能为妻子肚中的孩子提供能量，一尽父亲的责任。

冠花蟹蛛

Xysticus Cristatus，等

考虑到蛛形纲和昆虫纲的世界里雄性在交配时所面临的风险，冠花蟹蛛所采取的一种与众不同的策略也就不足为怪了。人们曾观察到，雄冠花蟹蛛无比谨慎地靠近雌冠花蟹蛛，轻轻地敲打雌冠花蟹蛛以确定它们有意欢爱，然后迅速地用少许蛛丝捆缚住雌冠花蟹蛛的腿，以使它们在交配时无法动弹。观察到这一仪式的科学家，将捆缚住雌冠花蟹蛛的丝线客气地称为“婚礼的轻纱”。

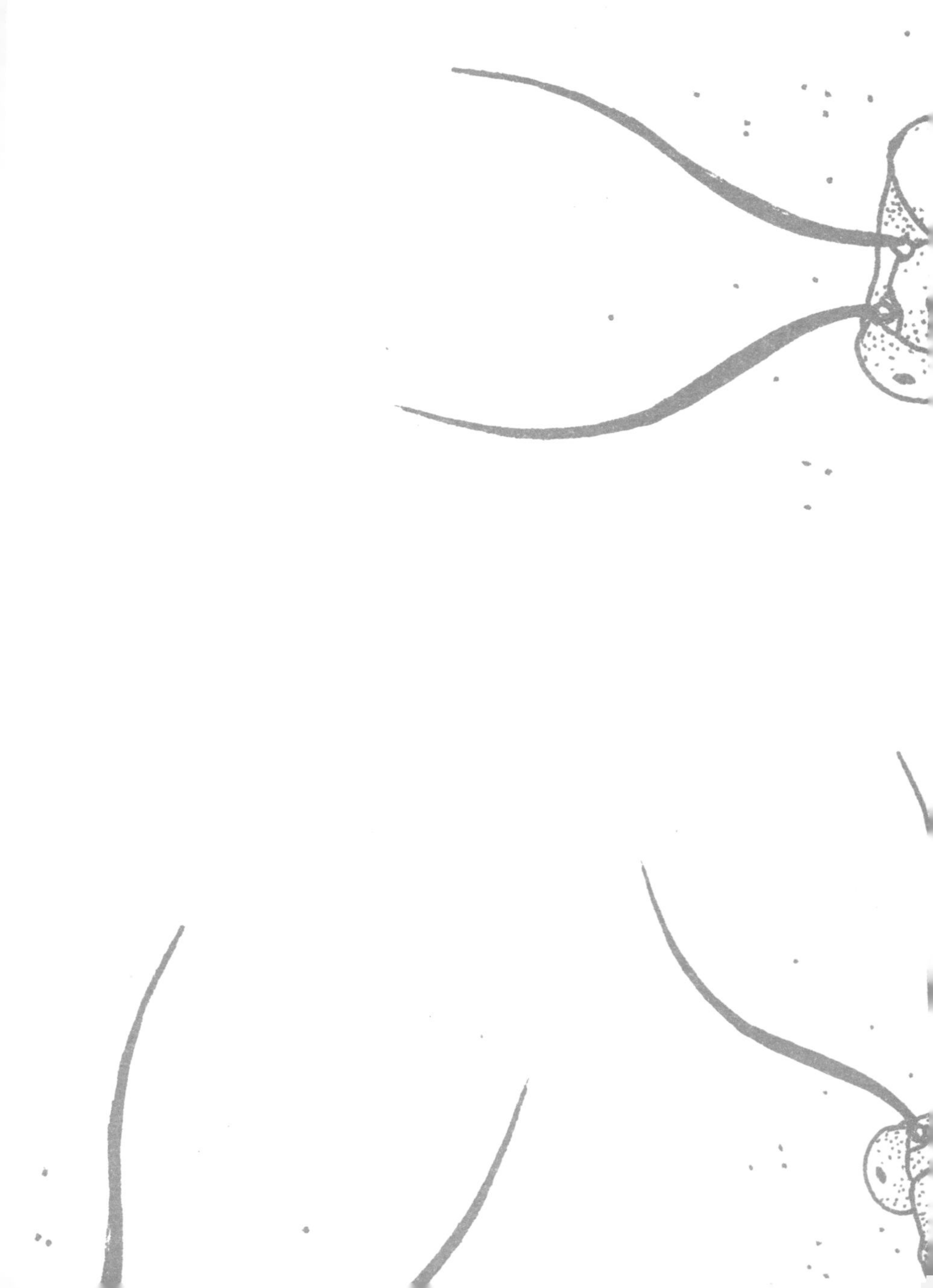

金环胡蜂

（*Vespa mandarinia*）

大小：50毫米。

科：胡蜂科（Vespidae）。

栖息地：主要生存在林地，但现在越来越频繁地出现在城市里。

分布：主要分布于日本、中国、韩国等国家，但它们在亚洲各地都能找到。

最近几年每到夏天，东京公共卫生部门的官员都会发出警告，全世界体型最大、杀伤力最强的胡蜂——金环胡蜂——可能出现在城市中。这种被西方人称作亚洲巨型胡蜂的生物，日本人尊称它为“牦牛杀手”（中国人给了它和它同属的亲戚“虎头蜂”的俗名——译者注）。它们的毒液里含有高剂量能致人疼痛的化学物质。这些物质在蜜蜂和黄蜂的螫针里也找得到，但一种名为“蔓达拉毒素”（mandaratoxin）的致命神经毒素除外。研究这种胡蜂的世界顶级专家小野正人（Masato Ono）描述道：“被它们的刺蜇到的感觉就像用烧红的钉子钉进腿中。”最糟糕的是，它们会在受害者的伤口上留下信息素，吸引其他的胡蜂来攻击，增加了受害者被叮咬的可能性。

在日本这种胡蜂被称作“suzumebachi”，意思是“大雀蜂”。

这种生物从头到尾有 5 厘米长，当它们飞行的时候看起来就像是一只小鸟。每到炎热的夏天，都有日本人看到它们飞入城市，在垃圾桶里寻找食物，它们会把鱼肉什么的带回巢里喂幼虫。正因为金环胡蜂敢于闯入城区寻找食物，每年大概有 40 个人是因这种巨大的胡蜂的毒螯致死。

如果一种生物能让人类恐惧，想象当蜜蜂面对它时心里会怎么想吧。科学家们很早就知道日本东方蜜蜂（*Apis cerana japonica*）的野外种群在金环胡蜂的袭击之下无比脆弱。通常，一只单独的胡蜂会先去侦察。它会杀死几只蜜蜂，将它们的尸体带回蜂巢喂给幼虫吃。如此再三，胡蜂会在蜜蜂巢上用信息素作上标记。而这，是总攻的信号。

大概 30 来只胡蜂会集成一群进攻蜜蜂巢。这些怪物般的生物会扯下带来猎物的脑袋，将它们的残躯四处乱扔，在短短几个小时内金环胡蜂就能屠杀多达 3,000 只小蜜蜂。每进行这样一次屠杀，它们会将蜜蜂巢占领大约 10 天，掠夺蜂蜜，掳走受害者的幼虫喂给自己的孩子吃。

最近，小野正人和他在玉川大学的同事发现，日本东方蜜蜂有一种异常聪明的防御方法。当胡蜂的侦察兵接近蜜蜂巢时，蜜蜂的工蜂会退回巢中，引诱胡蜂来到蜂巢入口。这时，一支由大约500只蜜蜂组成的大军将包围住那只胡蜂，狂暴地振动翅膀，将周围的空气加热到116华氏度（约46.7摄氏度）——足够杀死胡蜂了。

对于蜜蜂来说，这个行为同样危险：如果温度再高几度，它们也得死。事实上，的确会有一些工蜂在这个过程中牺牲，但蜂群会将它们推出战团。战斗能够持续大约20分钟，直到胡蜂被热死。对于昆虫来说，虽然组成集团抵御敌害并不少见，但这是我们知道的仅利用温度就能战胜入侵者的唯一实例。

研究这种胡蜂的世界顶级专家小野正人描述道：“被它们的刺蜇到的感觉就像用烧红的钉子钉进腿中。”

金环胡蜂的不同寻常的力量启发了日本的研究者，他们分析了从这种胡蜂胃中提取的液体，希望找出这种力量的源头，帮助运动

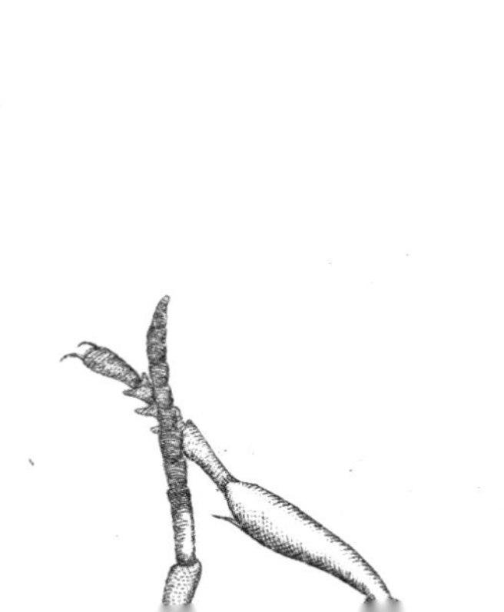

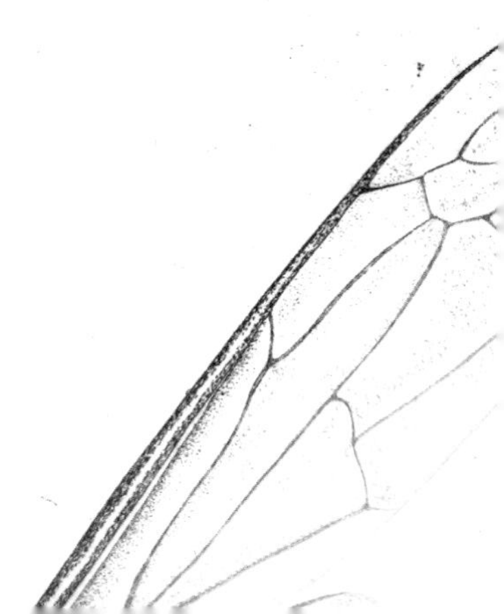

员增强体能。研究者发现成年胡蜂的消化道很短，无法吃太多的固体食物，但它们在寻找食物的过程中飞行的距离长得难以置信。成虫会将死去的昆虫带回巢内喂自己的幼虫吃。当幼虫进餐完毕后，成虫会敲敲它们的脑袋，这会让幼虫迅速地献上一个“吻”，喂给成虫一种透明的液体。成虫就靠这种物质提供能量。日本科学家们费力地收集了一些这种透明的液体，他们平均每收集 80 个胡蜂巢，才能收获一滴。实验证明，这种液体能让小白鼠和人类减少疲劳，增强力量，它还能促使脂肪转化为能量。

获得过 2000 年悉尼奥运会金牌的马拉松运动员高桥尚子将她的成功归功于这种“胡蜂液体”。作为一种天然物质，它并不违反国际奥林匹克委员会关于兴奋剂的规定。现在，商家声称一种名为“胡蜂精华液”的运动饮料能增强运动员的耐力。但事实上，这种饮料并没有那种费力地从金环胡蜂幼虫体内提取的成分，只不过是用混合氨基酸溶液来模仿那种极富能量的汁液。

近亲： 金环胡蜂与它们的那些胡蜂亲戚相比，有着著名的大脑袋和更圆的肚子。黄边胡蜂（*Vespa crabro*，也就是著名的欧洲大黄蜂）在被惊扰之后也会刺伤人，但没有哪种胡蜂能像金环胡蜂那样制造这么多的伤亡事件。

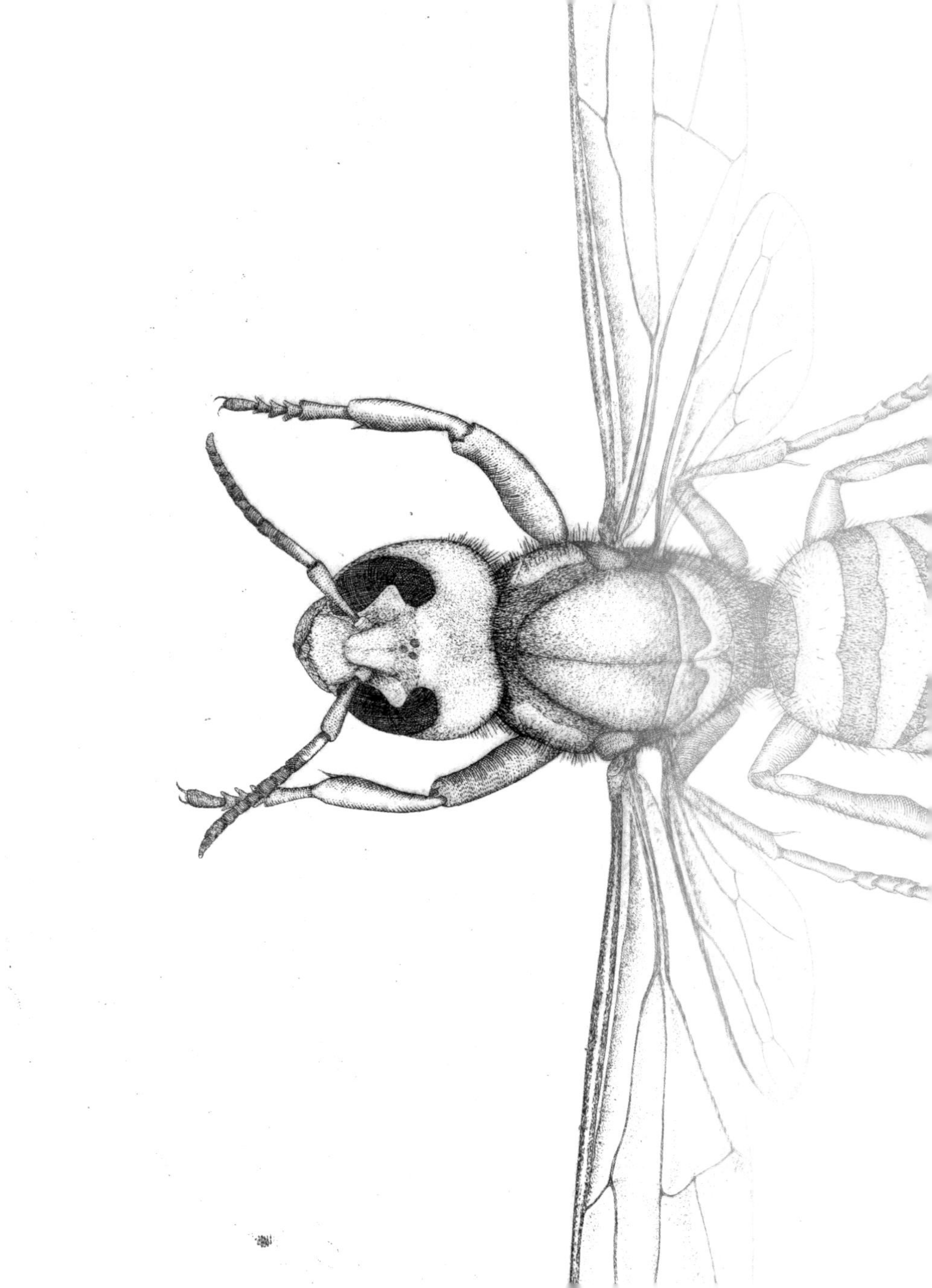

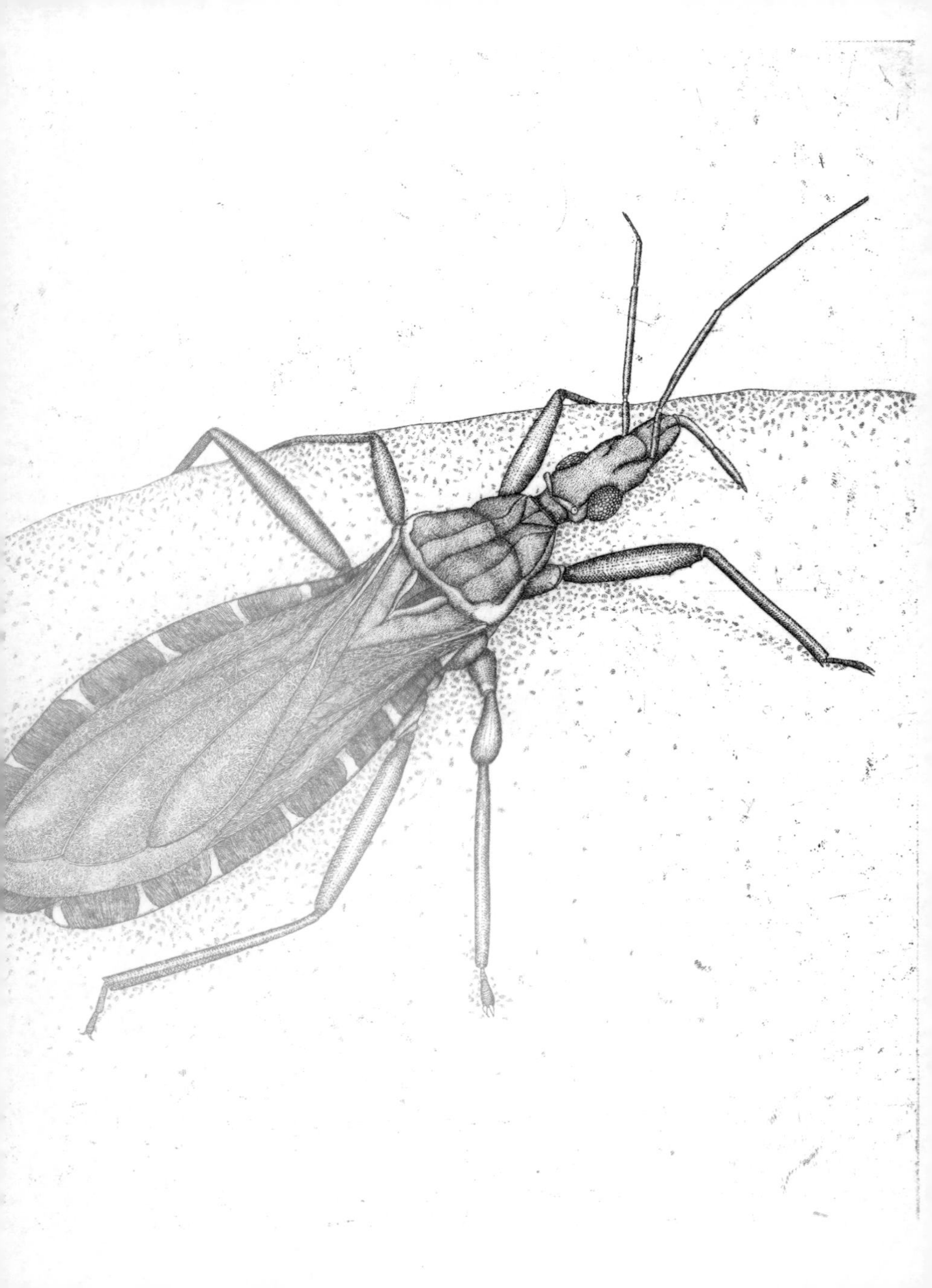

骚扰锥蝽

（*Triatome infestans*）

大小：15~25毫米。

科：猎蝽科（Reduviidae）。

栖息地：一般和猎物伴生，它们会出现在家中、谷仓里、洞穴内，以及鸟类、啮齿动物和其他动物的巢穴中。

分布：北美洲和南美洲，有些种类分布在印度或东南亚。

1835年，当年轻的查尔斯·达尔文在“小猎犬号”——一艘从属于英国皇家海军，立志于丈量南美的战舰——上的旅程行将结束时，他记录了一种在阿根廷偶遇的奇怪虫子。那时，达尔文被雇请为舰长的学术顾问和随行博物学家。旅程并不愉快，还充满了危险：舰长摇摆不定，脾气暴躁；土著经常攻击、抢劫船员；在某些时候，任何人都不得不忍受疾病或是饥饿。之后，在3月25日，达尔文他自己成为了某种吸血昆虫的大餐。在日志中他写道：“夜晚我被一种名为奔乔卡的虫子攻击了（这里说‘攻击’再合适不过了），这种潘帕斯草原上的巨型黑色虫子属于猎蝽属（*Reduvius*，现在看来达尔文鉴定错了——译者注）。它是最让人恶心的无翼昆虫，有大概1英寸（约2.54厘米）长，身体的表面粗糙不平。”

几个同行的水手自告奋勇，依靠他们的以身试“险”，达尔文记下了这种嗜血昆虫的吸血过程：“把这种虫子放在围满人的桌子上，当一根手指伸向它的时候，这种莽撞的昆虫就会立刻伸出它们的长吻，发动猛攻。如果条件允许，它就会吮吸血液……吸饱军官鲜血的奔乔卡虫会变得很胖，它们能保持这个体型 4 个月；但在吸血之后的第 15 天，它就可以再次吸血。”

可是达尔文不知道——当年没有人知道——这种现在被称作骚扰锥蝽（*Triatoma infestans*）的虫子会传播一种名为南美锥虫病的致命疾病。这种巨大的椭圆形昆虫隶属于猎蝽科（Reduviidae），在这个科中，有一个吸血的锥蝽属（*Triatoma*）。全世界共有 138 种锥蝽，据人类所知其中的一半能够传播疾病。它们中的大部分分布在北美和南美，亦有少数种类分布在印度和东南亚。它们非常舒适地和寄主伴生，藏身于巢穴或地洞中，以某些啮齿动物或蝙蝠的血液为生。它们也敢于跑到房屋或是牲口棚内。在拉丁美洲的某些地区，人们会用棕榈叶做屋顶，而叶片上有可能黏附着锥蝽的卵，这会无意中将它们带入室内。

骚扰锥蝽在成年之前要经历 5 期若虫阶段，每次吮血，它们都能够吸入和体重等量的血液。一只成年的雌虫能够活上 6 个月，在此期间能够产下 100~600 枚卵，具体的数字取决于它吸了多少血。

多数情况下，骚扰锥蝽咬人不痛。它每次吸血，会吸上几分钟到半个小时，在此过程中它的身体会被塞得鼓鼓的。卫生工作者在走访病人时曾发现在最糟糕的情况下，一个屋子里可能有几百只骚扰锥蝽，在墙上都能发现它们黑白相间的排泄物。在这样的屋里，一个晚上会有 20 多只虫子吸食一个人血液的情况并不罕见，而每只虫子每晚会吸下 1~3 毫升的血液。

这种锥蝽偏好在受害者的嘴边进餐，因此它们得了个“接吻虫”的雅号。但不幸的是，它们送出的是死亡之吻。在 1908 年，一个名叫卡洛斯・查格斯（Carlos Chagas）的巴西医生正在研究疟疾，但当他听说这种吸血昆虫的事迹之后，准备找出在它体内的致病微生物。经过研究，他发现骚扰锥蝽在进餐的时候会传播一种名为美洲锥虫（又名克氏锥虫，学名 *Trypanosoma cruzi*）的原生动物。这种寄生虫会在锥蝽的体内发育、增殖，然后附着在它们的粪便上被排出体外。人类并不会直接通过骚扰锥蝽的叮咬患病，但会被它们屙在皮肤上的屎传染。人们在抓痒时会把锥蝽的排泄物刮到伤口里，而美洲锥虫就借此进入了人类的血液循环。（北美的锥蝽一般会在进食后一个半小时解决“个‘虫’问题”，在这段时间内，它们就已经从自己制造的皮肤创口处爬开了。这就解释了为何美洲锥虫病在美国并不常见。）

查格斯首先在媒介昆虫中找到了病原微生物，之后才在患者身上确认它就是致病元凶，这在医学史上是不同寻常的。他还认为，这种疾病是和人类的殖民历史纠葛在一起的。当移民们在森林里开辟空地，搭建起棕榈树叶做屋顶的小屋子之前，这些锥蝽就已经生存在森林中很长时间了。它们将这种疾病从一只啮齿动物带到另一只身上，直到它们突然出现在人类——这种梦幻般温暖、充足的血源——当中。当地人给它们起了一些名字——有些人称之为“vinchuca”，意思是“自己从屋顶上掉下来的虫子”；有些人称之为“chirimacha”，意思是“怕冷的虫子”——正是当锥虫病广泛传播之时，查格斯发现了这种由骚扰锥蝽传播的疾病。

> 这种锥蝽偏好在受害者的嘴边进餐，因此它们得了个“接吻虫”的雅号，但不幸的是，它们送出的是死亡之吻。

若人们的眼周被锥蝽咬伤，会出现可怕的肿胀。蜇伤其他地方会带来低烧和淋巴结肿胀，这会有一点痛。这种疾病在发病初期就有可能致死，但大多数受害者都会经历一个没有任何症状的潜伏期，直到最终他们的心脏、肠道以及其他的重要器官受到致命的损伤。在美国大约有 30 万人是美洲锥虫病的携带者，而在拉丁美洲有 800 万 ~1,100 万人正在遭受这种疾病的伤害。尽管病人在发病初期可以

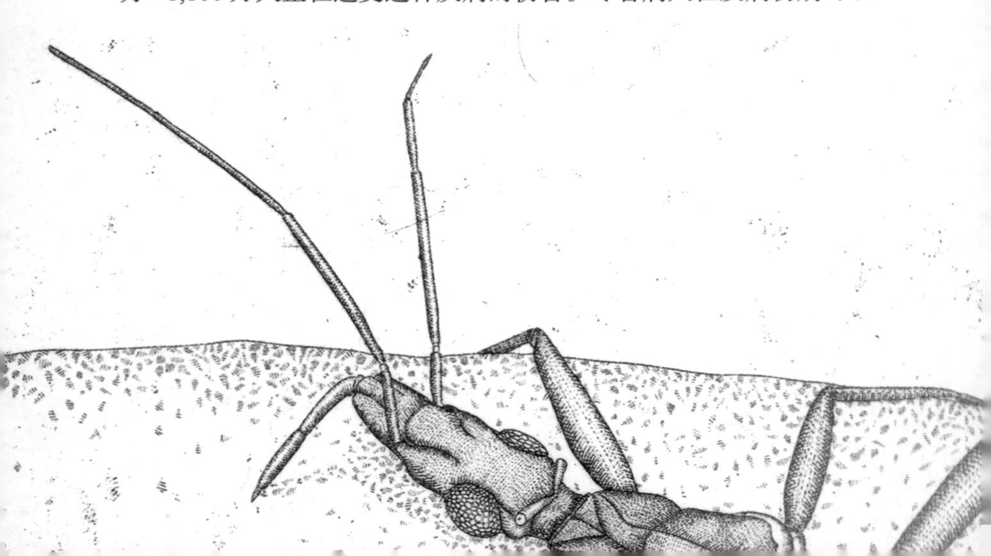

通过治疗痊愈，但若是拖到后期就没有任何方法能够挽救了。

有些历史学家推测查尔斯·达尔文也感染了美洲锥虫病，最终正是这种疾病害死了他。这能够解释一些一直纠缠着他的奇怪而复杂的健康问题。但这个假说无法解释一个事实：他在阿根廷邂逅锥蝽之前似乎就已经有这些症状了。曾有研究者提出要掘出埋在西敏寺的达尔文的遗骸并检测他是否罹患美洲锥虫病，但这个要求被拒绝了。这让达尔文的病因依旧扑朔迷离。

近亲：　轮背猎蝽靠捕食毛虫等花园里常见的害虫为生。另外一种被称作细脚猎蝽的捕食蜘蛛等猎物的长杆状昆虫也是骚扰锥蝽的近亲。

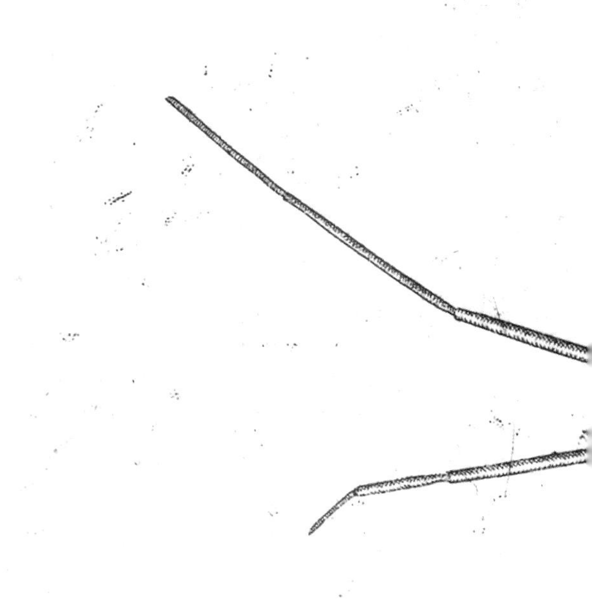

战争中的虫子

1958 年，美国国防部组建了一个名为高级研究计划局（the Defense Advanced Research Projects Agency，DARPA）的具有超前研究意识的部门。从那时起，DARPA 的研究者们开发出了诸如隐形飞机、新式潜水艇和早期互联网等技术产物。后来，他们把目光转向了电子昆虫。

于是，昆虫—微电子混合系统（Hybrid Insect Micro-Electro-Mechanical System，HI-MEMS）应运而生。科学家们企图在毛虫化茧成蝶或蛾子之前在它们体内植入电子芯片，从而利用这些电子设备控制它们的飞行路径，让这些昆虫混入敌人当中，传回情报又不被发现。

尽管昆虫—微电子混合系统计划显得如此奇异和前卫，让它看起来不可能成真，但这只不过是人类利用昆虫打仗的历史中最新的一笔罢了。昆虫学家杰弗里•洛克伍德（Jeffrey Lockwood）的关于战争中虫子的研究显示，即使可爱的蜜蜂，也能被人类玩出恶毒的花样。

蜜蜂和胡蜂

蜜蜂和胡蜂已经被人类利用在战争中数千年了。向敌人投掷蜂巢就像是派遣出一队强悍的战士。这是一种极其有效的制造破坏的方式。玛雅人在公元前 2600 年就精于此道，他们的传说描述这些古人会利用脑袋中装满了带毒刺的昆虫的假人作战。早期的有关希腊战争的著作里就有关于练习在敌人城墙下挖地道，再通过地道释放蜜蜂或胡蜂的描述。而利用投石机向敌人城墙之内抛掷蜂巢的技术可至少回溯至古罗马时期，而直到中世纪这样的战术还活跃在战场上。

不过蜜蜂可不是只被用在古代的战争中。第一次世界大战中，坦桑尼亚人将蜂巢藏在灌木丛里，并装上一个由绊马绳控制的盖子。当英国人的骑兵试图占领德国人控制的区域时，就会遭遇到这种意料之外的敌人。和苏格拉底（Socrates）同时代的色诺芬（Xenophon）记录的一个案例，无疑是最能引起大家好奇的拿蜜蜂作战的实例之一。他记录了公元前402年间有毒的蜂巢在希腊人战争中的运用："所有士兵都吃了蜂蜜，他们全部失去了意识，吐了个干净。没有人能够站直，蜂蜜吃得少的就像大醉了一场，吃得多的就像是个疯子，而有几个人处于濒死的边缘。"这支部队显然是拿蜜蜂采于杜鹃花的蜂蜜饱餐了一顿，这种植物会制造一种神经毒素，它效果拔群，以至于在蜂蜜中依旧可以保持毒效。那些吃蜂蜜中毒的案例，也被称作木藜芦毒素中毒。

猎蝽

这些能够传播锥虫病的吸血生物曾被用在一种被称作"虫坑"的地方当作折磨人的工具。最知名的例子发生在1838年。一个名叫查尔斯·斯托达特（Charles Stoddart）的英国外交官抵达乌兹别克斯坦城市布哈拉，试图赢得当地统治者的支持，获取他的帮助以节制沙皇俄国的扩张。但他一开始就没被当成朋友，反而被烙上了敌人的烙印，扔进了藏在一种名为"Zindan"的中亚传统监狱之下的虫坑中。在那里，他身处宛如天生的鲜肉一般的囚犯当中，忍受猎蝽的攻击，却苟活于世。人们从一个石制的斜槽往下倾倒粪便，这既吸引了更多的猎蝽，也让虫坑更像是人间地狱。

两年之后，斯托达特的英国同事亚瑟•康诺利（Arthur Conolly）试图去拯救他，但是，他也被扔进了虫坑。他们确实活着，人们曾在地面上看到过几次这两个倒霉鬼，他们身上满是伤痕和虱子。猎蝽没有杀死他们，但是人类完成了这个工作，在 1842 年他们被公开处以斩首之刑。

蝎子

即使不蜇你，蝎子看起来已经足够可怕了。在公元 77 年，老普林尼（Pliny the Elder）曾将蝎子描写为“一种危险的祸害，毒液毒性堪比大蛇；毫无例外，会给人带来极大的痛苦，当一个人被蜇了后就只有 3 天可活了”。对于蝎子的毒蜇，他补充道：“无论是对于处子还是老妇，它始终是致命的。”

在离伊拉克基尔库克和摩苏尔不远的古城哈特拉，从约公元 198 年起蝎子就是当地统治者的防御工具。它们被部署在城墙之上，抵御塞普蒂米乌斯•塞维鲁（Septimius Severus）派来的罗马军队。当军队抵达时，当地人已经准备好了装满蝎子的黏土罐——这些毒虫可能收集自周围的沙漠——随时准备将这些毒液炸弹扔向入侵者。当时的一位罗马历史学家——安提俄克的赫罗狄安（Herodian）——曾观察到了这样一幕：“黏土罐里装满了有翅膀的昆虫。当这些罐子被投向围城者时，这些有毒的小飞虫会蜇伤罗马人的眼睛，叮咬他们身上任何没有保护的部位。在士兵还没反应过来时，就已经伤痕累累了。”尽管蝎子不会飞，但历史学家们相信那些“炸弹”中的确有蝎子，以及其他一些会蜇人的昆虫，例如蜜蜂和黄蜂。

跳蚤

这种微小的能够携带腺鼠疫病菌的吸血生物曾被用作战争中的武器。在第二次世界大战时，臭名昭著的日本生物战项目组——731部队——发明了一种将装满了感染鼠疫的跳蚤的炸弹投入他国领土的方法。他们在中国东部沿海城市宁波和长江边的湖南省常德市做过试验。这两个地方都因此暴发了鼠疫。

大约有20万中国人死于日本的生物战。日本人曾有一个名为“夜樱”的军事行动，计划在美国加利福尼亚释放跳蚤，但这个计划从未施行。日本军队还在俘虏身上做过很多骇人的试验，诸如毒气、疾病、冻伤以及做未经麻醉的外科试验。尽管在战争结束之后这些罪行得以曝光，但美国却豁免了那些杀人医生的罪行，以换取他们的研究数据。作为协议的一部分，731部队的真相得以成为一个秘密。但到了20世纪90年代中期，历史学家们挖掘出了尘封于故纸堆中的罪恶，开始曝光731部队的罪行。

他一开始就被打上了敌人的烙印，被扔进了虫坑。在那里，他身处宛如天生的鲜肉一般的囚犯当中，忍受猎蝽的攻击，却苟活于世。

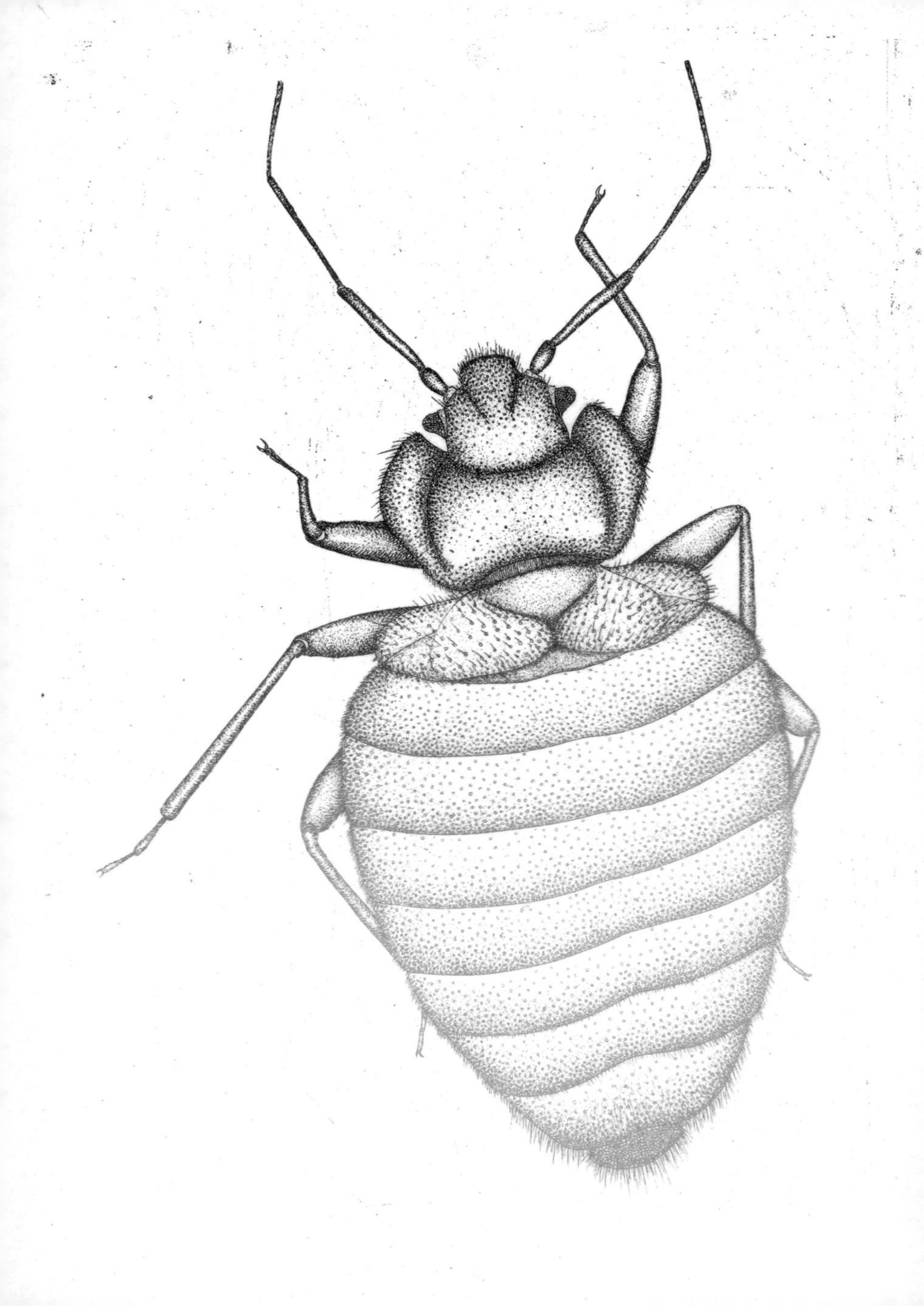

温带臭虫

（*Cimex lectularius*）

大小：4~5毫米。

科：臭虫科（Cimicidae）。

栖息地：鸟巢、洞穴等温暖干燥又靠近食物的地方。

分布：全世界所有的温带地区。

在多伦多，一个60岁的老头向医生抱怨自己最近容易疲劳。他是个糖尿病患者，最近一年又开始酗酒，还曾经吸过可卡因，所以疲劳对他来说只是最微小的问题。但是医生发现他有严重的贫血，于是给他开了补铁的药物。一个月后，这个男人复诊的时候贫血更厉害了，必须住院输血治疗，才能够回家。几星期后，他又不得不前来输血。医生没法解释这个老头血液流失快得如此可怕的原因。

直到医生上门就诊，这个病人贫血的真正原因才得以大白：他家里到处都是臭虫，医生甚至看到这种虫子在病人身上缓缓爬行。公共卫生部门被请来处理这个问题，他们给整间屋子喷上杀虫剂，换掉了旧家具，这个老头的身体状况才逐渐好转。

臭虫晚上爬出来取食，它们潜伏在暗处，靠猎物身上散发的温度和“诱人”的二氧化碳气流辨别方向。它们挥舞着触角靠近自己的大餐——也就是你——伸出小小的爪子，紧紧地抓在你的皮肤上。一旦它们做好了准备，就来回晃动身体，把名为“口针”的针状口器插进寄主的皮肤。它的叮咬非常温柔，刺得不深，足够吸到血就好。口针会在皮肤下面寻找最合适的血管，然后扎进去。臭虫的唾液里有抗凝血因子，所以它们不怕伤口处的血液凝固，能够从容不迫地进食。它们每享受一次美餐大概要花费5分钟，才会心满意足地离开。但如果你在睡梦中给这家伙来上一下，它可能会爬开一小段距离，再继续进食，而你皮肤上三个一串儿连续的小孔状伤口会说明这一切。皮肤病专家称这种叮咬方式为“早餐、午餐以及晚餐”。

[皮肤病专家称床虱的叮咬方式为“早餐、午餐以及晚餐”。]

在第二次世界大战之前，臭虫就已经分布在美国以及其他国家里了。在那个年代杀虫剂曾帮我们消灭了它们，但现在这种吸血的寄生虫又回来了。臭虫再现的原因并非只有一个，包括国际旅行变得越来越容易，广谱杀虫剂让位于定向诱杀型杀虫剂，以及这种吸血昆虫自身对化学药剂的抵抗力变强了。而在这三种原因中，又以最后一种最可怕。马萨诸塞大学的研究者曾报告说，纽约的臭虫体内出现了一种针对神经细胞的基因突变，使它们暴露于具有神经毒性的杀虫剂中还能存活。更有甚者，合成除虫菊酯杀虫剂——一种源于菊花的人工合成的天然杀虫物质——对纽约的臭虫已经没什么效果了，而对于佛罗里达州的臭虫这可是大杀器。

对于一般的纽约人来说，臭虫会造成什么样的危害？一般这种虫子并不会传染流行病，但是它们的叮咬可能会造成过敏、红肿、起丘疹，而抓挠伤口也可能造成次生性的感染。大量臭虫造成的血液流失在严重时会造成贫血，对于儿童以及身居医疗条件匮乏地区的人尤甚，而它们造成的睡眠减少和情绪波动甚至能引起一定的心理问题。

什么都不吃，一只臭虫也能生存一年。在野外，它们住在鸟巢或洞穴内，紧挨着猎物；在城市里，臭虫藏身于家具里、松了的壁纸内，或者是墙上挂着的照片后面的干燥阴暗的角落，甚至是电灯插座内。而当它们在人类的家里大量出现的时候，在最坏的情况下，家具表面会出现不少成簇的臭虫粪便；而在这样的房子里，可能会弥漫着由臭虫腺体内分泌出的奇怪甜味儿。它们能分泌出乙醇和辛烯醇与同类联系，但受过训练的狗和某些人也能闻出这种味道。臭虫

会被自身散发出的芫荽（也就是香菜）味儿出卖——实际上，芫荽的英文名“coriander”源自“koris”，就是古希腊语里的“臭虫”。大多数情况下，臭虫不会长时间待在人的身上，但那些不换衣服的流浪者经常会发现这些虫子跟着他们到处旅行，在他们的衣服中产卵，甚至在他们的脚指甲缝里繁衍生息。

控制臭虫可不是件容易的事，尤其对于那些大号的建筑来说，这些虫子能够通过管道系统和墙上的裂缝从一个房间漫游到另一个房间。城市居民因为害怕引入臭虫而开始避免购买二手家具，而某些床垫公司曾有这样的惨痛教训：用拉过旧床褥的卡车运送新床垫，结果后者成为了人们做梦都想消灭的臭虫的传播源。

一种新的控制方法让人们有了新的希望。将老式干燥剂粉末混合上臭虫的信息素，这种被称作“报警信息素”的制剂脏是脏了一点，但却无毒。它能够将臭虫诱惑过来，在粉末上走来走去，而暴露在粉末中足够长时间的臭虫会被干燥剂吸干水分而死。而更自然的天敌控制法一直在自己工作：蚰蜒（*Scutigera coleoptrata*），以臭虫为食；而被称作“伪装猎人”的伪装猎蝽（*Reduvius personatus*）则会捕猎臭虫，吸食它们的体液。

近亲：　臭虫科中不仅有温带臭虫，还囊括了蝙蝠臭虫等种类。而所有的臭虫都以寄主的血液为食。

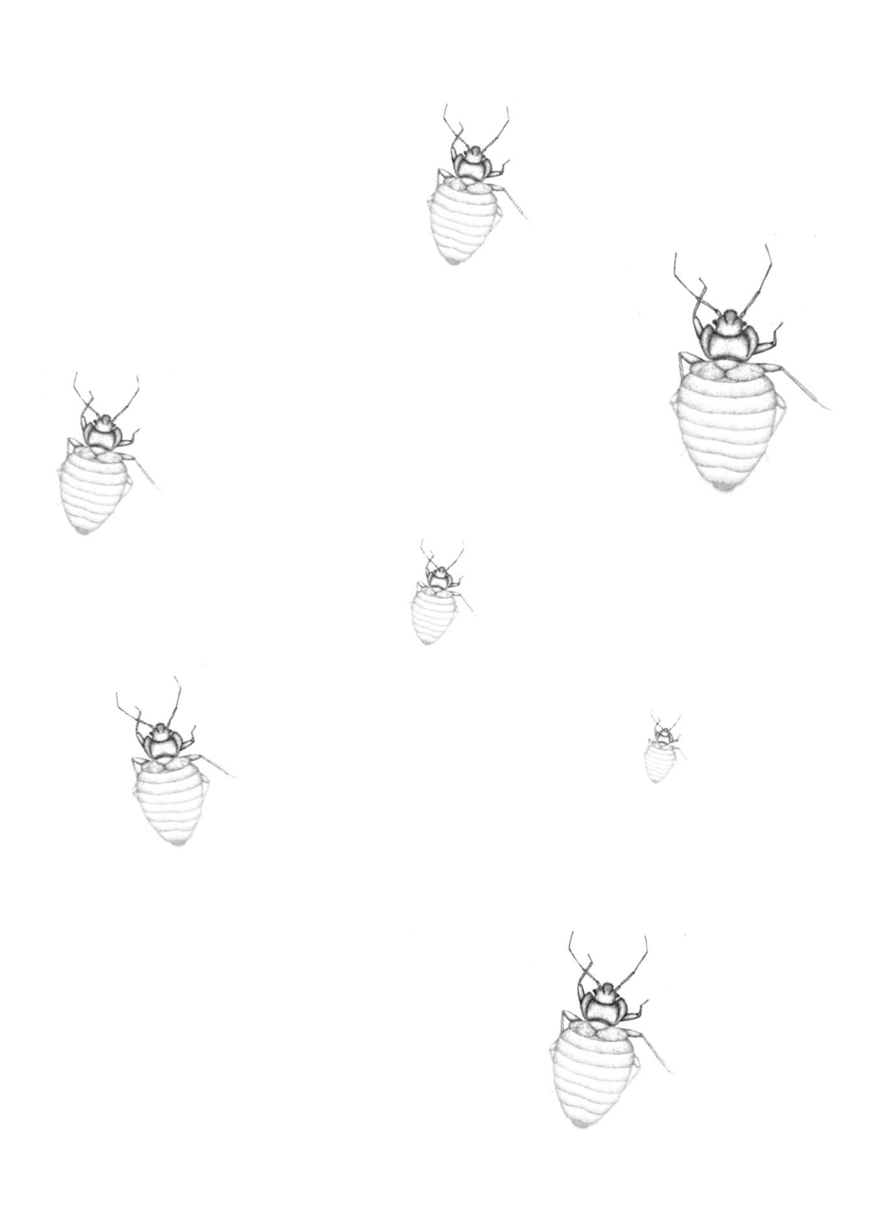

库 蠓

（*Culicoides* spp.）

大小：1~3 毫米。

科：蠓科（Ceratopogonidae）。

栖息地：大多数情况下它们生活在温暖潮湿的地区，例如海滩、湖泊、沼泽等区域。

分布：主要分布在北美、南美、澳洲、欧洲，但在世界的其他各洲亦有分布。

“一只蠓能引发昆虫学家的好奇，但一千只就是地狱！”昆士兰科学家 D. S. 凯特尔（D. S. Kettle）说。他知道：在澳大利亚的某些地区库蠓是一种为害严重的害虫，它们甚至压低了某些地产的价值。2006 年曾有人统计过，赫维湾地区建立在红树沼泽附近的新房产的总值降低了 2,500 万 ~5,000 万美元。仅仅是因为这种让人厌烦的微小吸血昆虫实在是太多了。

蠓以麻烦制造者的身份出现在当地人面前，迫使他们在市政厅外游行，希望当地政府给出解决办法——甚至差点出现暴力事件。随后，一个调查委员会建立起来，以应对库蠓的威胁。经过他们的调查，“被迫和库蠓生活在一起，甚至能让婚姻破裂”。据推测，这种现象产生的原因是库蠓逼着人们只能在室内待着，而不能出门打打高尔夫，享受下午的闲暇。委员会制订了一个杀虫计划来安抚愤怒的居民，他们准备用杀虫喷雾扑杀库蠓和蚊子，但剂量需要符合澳大利亚环境部的要求。

蠓，在美国更常见的名字是“看不到啊（no-see-um）”，是一种喜欢聚集在海滩、湖边的微小黑色飞虫。对于度假的人来说，它们着实是个灾难。（蠓有时也被称作沙蝇，但沙蝇其实是一种很不同的昆虫。）

库蠓以其集群进食而闻名于世。它们喜欢弄破人的皮肤，直接吮吸渗出来的血液，而不是将口器刺入血管采食其中的血流。它们的叮咬能使人过敏，造成难看红肿的叮痕。有时这种症状被称作“甜痒症”，而在澳大利亚它被称作“昆士兰痒症”。只有雌虫吸血，但是雄虫会群聚蜂拥在人们四周，将猎物标记给雌虫，以此寻找配偶，从而给受害者一直在被它们攻击的错觉。

在夏日，美国湾区和大西洋沿岸的野营者、海滩爱好者和打高尔夫球的人不得不忍受库蠓的骚扰。因为高地库蠓（*C. impunctatus*）实在太过凶猛，人们不得不放弃在夏天徒步穿越苏格兰著名的沼泽地和湖泊，也不能在这些地区打高尔夫球。以至于当地的一个灭虫公司根据天气情况制订了一个苏格兰库蠓预报，以帮助游客制订相应的出行计划。

在美国，人们并没有发现会传染疾病的蠓，但是在巴西等亚马孙河流域的国家，蠓和蚊子会传播一种名为奥罗波希热的类似于登革热的疾病。它会造成神似流感的症状，但通常并不严重，很快就能痊愈。在巴西的某些地方，44% 的人体内都有这种病毒的抗体。

“一只蠓能引发昆虫学家的好奇，但一千只就是地狱！”

蠓能作为一些寄生线虫的传播者，例如某些曼氏丝虫（*Mansonella* spp.）就要靠它们传染给新的寄主。这些微小的蠕虫寄生在人体之内，一般不会被人察觉，不容易诊断，但也不需要急着去治疗。近来，科学家发现，这些线虫的生存强烈依赖于其自身体内携带的细菌。在给西非一个村子里的病人吃过大量抗生素之后，线虫体内的细菌都被杀死了，而这些线虫也会很快死亡。相对来说这种疾病比较温和，只会造成瘙痒、出丘疹或是疲劳，也没必要大规模地给病人使用大量抗生素来彻底摆脱它。

对于牛类来说，蠓制造了更严重的威胁，因为它们能传播蓝舌病。这种疾病会造成严重的发烧，口边乃至整个面部的肿胀，以及标志性的蓝色舌头。拜库蠓的散布所赐，这种疾病已被传播至世界各地，并且随着库蠓向北方侵略——这恐怕就和气候变化有关了。

近亲：　全世界大约有 4,000 多种蠓。库蠓属于双翅目（Diptera），这个目中还有蚋、蚊子等一大拨微小的吸血害虫。

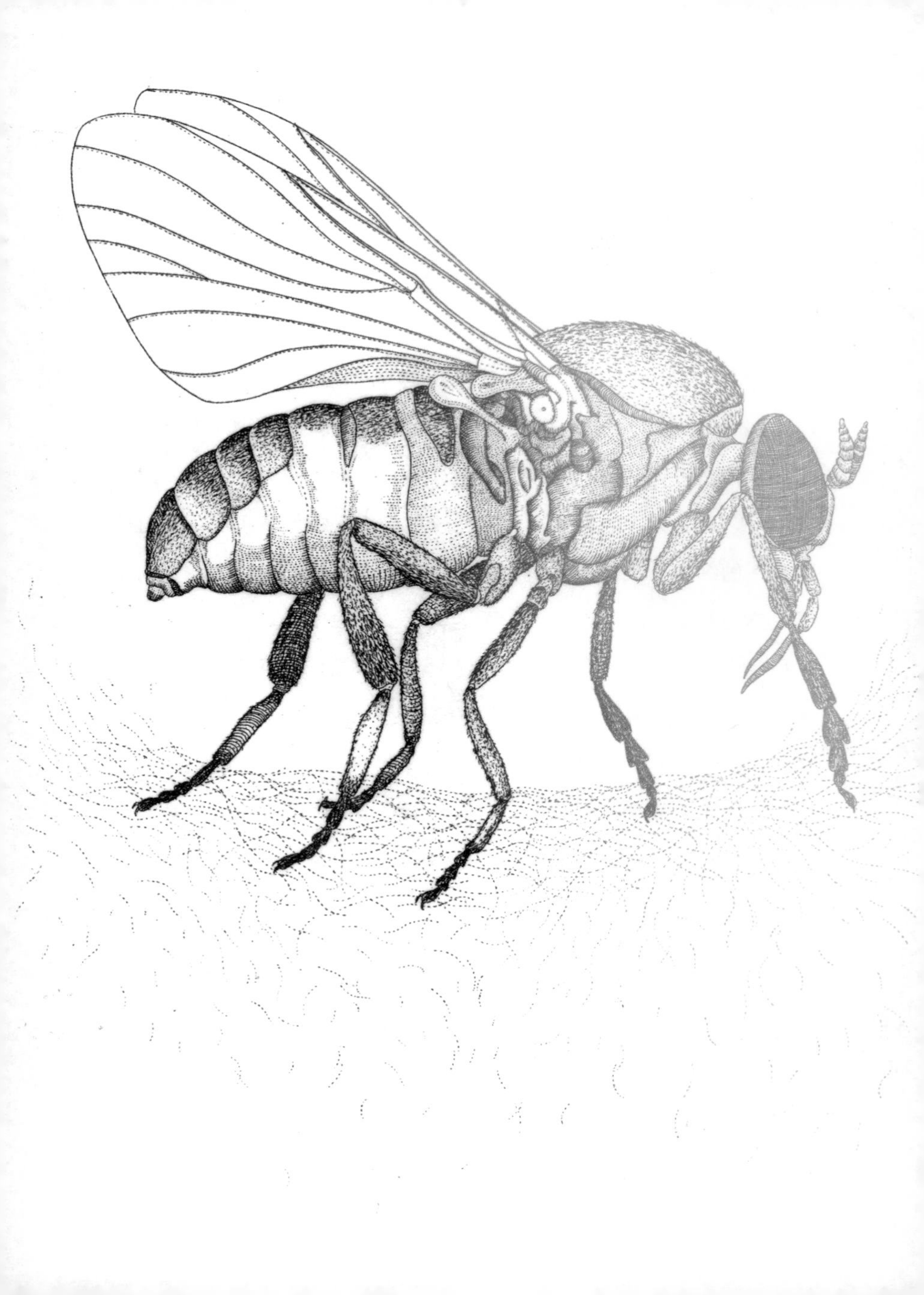

憎蚋

（*Simulium damnosum*）

大小：2~5毫米。

科：蚋科（Simuliidae）。

栖息地：在流水边生活。

分布：多种蚋生活在美国和加拿大，以及大洋彼岸的欧洲、亚洲和非洲。

从20世纪70年代至今，居住在西非河边乡村里的人大约有三分之一在成年之前有可能变成盲人。我们能够从照片中看到，那里的孩子会用绳索引导眼盲的成年人，可见在这片富饶的河谷之中，失去视力是生活的一部分。终于，那些以农业为生的人做出了一个可怕的决定：抛弃这片故土，抛弃这片富饶的土地。这场悲剧要归于憎蚋之名，医学昆虫学专家称这种生物为“世界上危害最持久、最让人沮丧的叮人昆虫”。只有这种小飞虫，并不会致人失明；一种名为旋盘尾丝虫（*Onchocerca volvulus*）、有着奇异生命周期的纤细蠕虫状生物才是真正的罪魁祸首。正是它们导致了这种名为河盲症（或者叫盘尾丝虫病）的可怕疾病。

雌蚋将卵产在快速流动的河流的水面之上，在这里水流能够带来充足的氧气，满足卵发育所需。幼虫破壳之后还要在水中生存大约一个星期，直到它们发育为成体。雌虫破蛹之后会立即交配，它们一生只交配一次。而在那之后，它们会拼命地寻找温血动物，以求饱餐一顿。只有饱饮人或者其他动物的血液之后，它们才能获得充足的营养，满足体内虫卵发育所需。它们能够活上一个月，在河面上产卵，以保证种族的延续。在有的地方，短短一千米的河床之上每天就有 10 亿只这种小飞虫破蛹而出。

蚋是“坚定进食者”，意思是当它们叮在猎物身上时就像船抛了锚，不吃饱绝不离开。一个人在虫害严重的地方，一个小时可能被叮上几百下。在有的案例中，蚋群实在太密集，它们爬满了猎物的耳朵、鼻子、眼睛以及嘴巴，导致受害者窒息而死，或是在企图甩开这些害虫时跌下悬崖。这种飞虫能够杀死家畜，让这些倒霉的家伙就像是被放血致死。在被蚋大规模攻击之后，这种飞虫唾液里多种多样的化合物会使猎物休克，这就是被称作蚋中毒的症状，它能够在几个小时内杀死受害者。1923 年，在喀尔巴阡山脉南部的多瑙河流域，一大群凶悍的蚋导致了两万两千多只动物的死亡。

但对于蚋那短暂嗜血的一生来说，最使人瞩目的是它们在吸人鲜血的时候能够通过伤口传播旋盘尾丝虫这种寄生线虫。而后者在疾病的传播过程中，具有错综复杂又怪诞的生命周期。

年轻的线虫——它们的早期幼虫被称作微丝蚴——进入人类的血液循环之后不能长大或是发育，它们必须趁蚋吸血的当口儿进入蚋的身体，才能够长大，进入下一个幼虫阶段。当它们进入蚋的体内之后，会移动到蚋的唾液当中，等待蚋再次进食——只有再次回到人类的身体之中，它们才能够完成发育，长大成年。

只有成功地完成这场横跨人—蚋—人的复杂旅程，微丝蚴才能经历数个阶段，发育成年。这些成年旋盘尾丝虫会在人类的皮肤之下形成小瘤，它们能在其中生活，在其中交配，在其中尽可能地繁殖——每天可产生多达 1,000 个后代——长达 15 年之久。

1923 年，在喀尔巴阡山脉南部的多瑙河流域，一大群凶悍的蚋导致了两万两千多只动物的死亡。

那些旋盘尾丝虫的子孙会干些啥？大多数不够幸运，不能找到进入蚋体内的途径，这是它们进入生命下一阶段所必需的，这注定了它们在死之前会在人类的血液里以微丝蚴的状态逛上 1~2 年——这已经足够给其宿主造成严重的伤害了：它们会在人眼中掘洞，致人失明。受害者的皮肤上会起丘疹、褪色乃至破损。这种微小的生物会造成极为可怕的瘙痒感，使得人拼命挠抓，即使是使用树枝、石块，即使挠破了皮，也无济于事。这些症状都会导致细菌感染，让人无法入睡，有些可怜的人因此而自杀。

现在世界上依旧有 1,770 万人感染这种疾病，大多数在非洲和拉丁美洲。其中有 27 万人已经失明了，50 万人被严重的视力问题困扰。控制这种疾病的一个方法是消灭蚋，这一行动自从 20 世纪 50 年代 DDT 被发明以来就开始了。但蚋很快就对 DDT 有了抗药性，而这种农药会在食物链中富集，最终达到能让人中毒的水平。现在有一种天然的细菌（苏云金芽孢杆菌，*Bacillus thuringiensis* var. *israelensis*）被用来控制虫害，但这对于成千上万的感染者来说，并不能起到治疗的作用。

> 只有饱饮人或者其他动物的血液之后，雌蚋才能获得充足的营养，满足体内虫卵发育所需。

一种名为双氢除虫菌素的除虫药被证明能够杀死旋盘尾丝虫的微丝蚴，但对于它们的成体来说却无济于事。它的制造商默克公司将其免费提供给公共卫生团体，再由他们分发给感染者。直到旋盘尾丝虫的成虫死亡——这大约需要 10 年——这种治疗不能间断。在此期间，患者必须按时服用药物，这样才能杀死旋盘尾丝虫的幼虫，并保证疾病不被传染给其他人。治疗计划曾仅在非洲的少数国家施行，它成功地使那些迁离河边的村庄、被安置在安全地带的人摆脱了疾病。而现在，这个计划也在其他的非洲、拉丁美洲国家里开始实施了。

近亲：虽然全世界一共有 700 多种蚋，但其中只有 10%~20% 危害人类和其他的动物。它们也并非都会传播疾病，但这种害虫在夏季会干扰旅游业和室外作业，例如伐木和农业，所以它们都是不可相信的讨厌鬼。

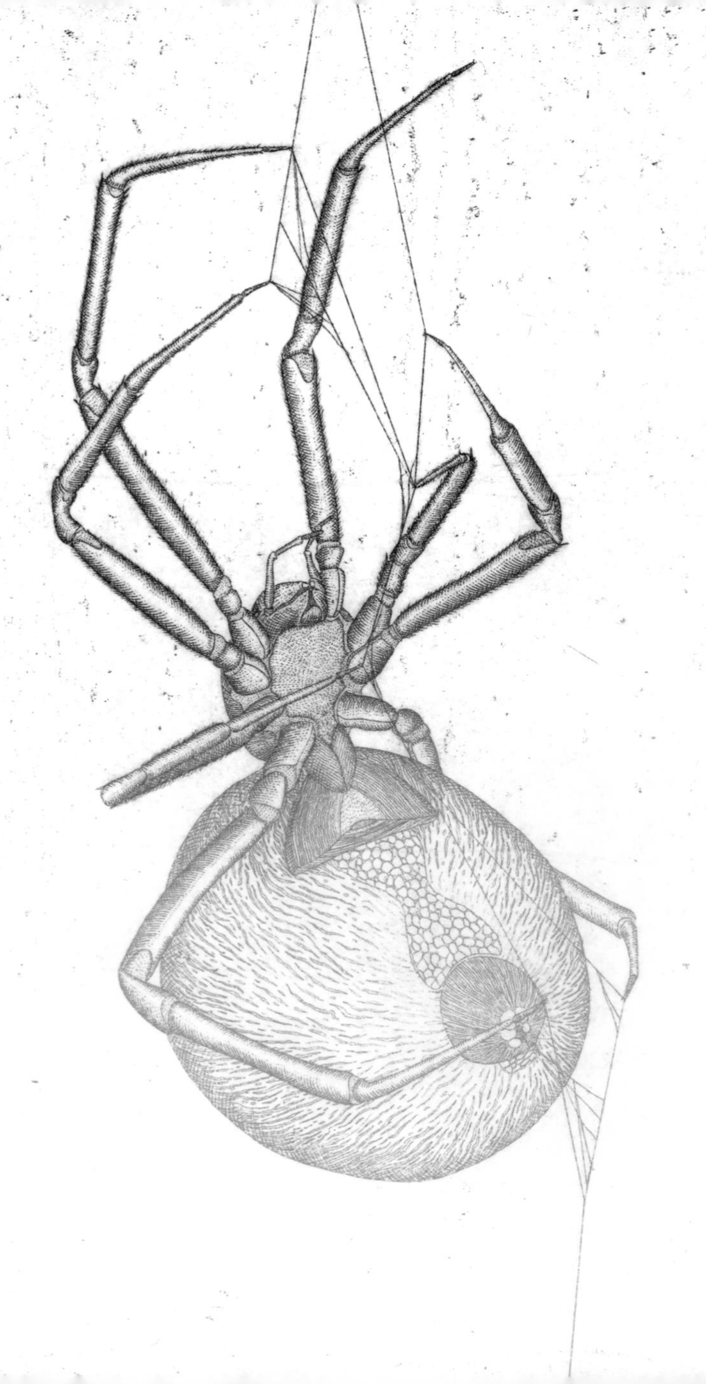

黑寡妇

（*Latrodectus hesperus*）

大小：八腿张开可达到38毫米。

科：球腹蛛科（Theridiidae）。

栖息地：黑暗、隐蔽的地方，包括原木堆、石堆里，灌木和乔木中，以及木材堆、窝棚、仓库和地下室里。

分布：几乎全球分布，北美洲、南美洲、非洲、欧洲、亚洲、澳大利亚以及新西兰都能找到。

"谁在乎？"26岁的史蒂芬•里阿斯基（Stephen Liarsky）在他的自杀笔记上写道，"当一个人结束他的生命的时候，总该有一个理由。我的理由是，首先，我没有工作。在这世界上我不在乎任何人，除了她之外，我为她如痴如狂，但她对我来说过于优秀了。我很羞愧，我只是个失败的人，而不是人生的赢家。上帝保佑罗斯。再见。"

1935年的这起自杀事件很不同寻常，不是因为它的动机，而是因为其方式：让黑寡妇蜘蛛给咬死。这只蜘蛛是在里阿斯基先生床下的一个硬纸盒里发现的，通过调查记录，人们发现这个不幸者在美国加利福尼亚州买到了这只蜘蛛，并得到了如下保证：它的叮咬绝对致命，而且无法挽救。

他在医院中被抢救了两天，但依旧不幸去世了。调查人员在他的枕头下发现了一瓶安眠药，他们判定里阿斯基先生其实是死于这些药片，而不是黑寡妇的毒吻，但这也太晚了。当时，这起被称作“黑寡妇自杀”的事件吸引了全美国的注意。许多报纸的头版头条都写着“死于黑寡妇之吻”。美国得克萨斯州的一个记者希望证实这起自杀案件的罪魁祸首不是黑寡妇，那只蜘蛛根本不可能咬到里阿斯基。而俄克拉何马州则成立了一个委员会，要以保护儿童之名消灭这种蜘蛛。1939 年，伦敦动物园杀光了他们养的黑寡妇蜘蛛以及其他毒蛇、昆虫，以防止它们在空袭后跑出来伤人。

1939 年，伦敦动物园杀光了他们养的黑寡妇蜘蛛以及其他毒蛇、昆虫，以防止它们在空袭后跑出来伤人。

黑寡妇是寇蛛属（*Latrodectus*）下多个物种的泛称，它们可能是世界上知名度最高、最能引起恐惧的蜘蛛。这个属下已知约有 40 来种蜘蛛，分布在世界各地，包括北美洲、南美洲、非洲、大洋洲和欧洲。雌性黑寡妇圆滚滚、黑漆漆的腹部通常（但不总是）有一个沙漏状的标记，泛着鲜明的红色。而雄性黑寡妇——微小、亮褐色的身躯看起来和它的妻子一点都不像——从不咬人，等一下我们会在这个骇人的生物的故事里提到它们。

虽然这种蜘蛛的名字指的是其雌性在交配之后总会吃掉雄性，但这个行为在大洋洲的数个种类中更常见，例如赤背寇蛛

（*Latrodectus hasselti*），为了和雌性交配，赤背寇蛛先生殚精竭虑，甚至要献出自己的腹部给配偶吃。它以头支地，将自己的腹部举过雌性的嘴边。它尽力快一点完成交配的任务，以免自己被配偶咬到，注入消化液。如果它不够快，它绝对会死于爱情。

雌性黑寡妇蜘蛛交配一次，就能够储存够一生产卵所用的精子。在一到两年的生命中，它能够产下不少卵囊，其中每一个都装着好几百枚卵，但其中只有很少的部分能够活到成年。当小蜘蛛差不多3周大的时候，它们会趴在母亲的网上，直到吹来一阵合适的微风，它们就会放出一根细细的丝线，之后就像热气球一样，被气流带到空中。它们会在着陆的地方织起自己的网。

对于咬人，黑寡妇们其实没有什么兴趣。它们宁愿用自己的毒牙追逐昆虫，往昆虫体内注射消化液，将它们变成软而稠的肉汤，以方便食用。如果被人类激怒了，它们的毒吻会在人类的皮肤上留下一个微小的伤口，造成轻微的疼痛，甚至没有感觉，当然，这只是在毒液进入神经系统，造成麻烦之前。黑寡妇的毒液进入神经系统后，会造成一种剧烈的肌肉疼痛，并能导致痉挛。受害者会浑身发抖，头晕眼花，并会感觉到异常的心跳加快，或是危险的心跳减慢。有些人会出汗，尤其是被咬的部位周围。医生们称之为“××毒蛛中毒综合征”，“××”是伤人的蜘蛛的学名。

黑寡妇之吻并不常会导致人的死亡，但它会导致疼痛、虚弱等症状，促使受害者寻求治疗。病情严重时，受害者会被注射抗毒血清，这种血清是将黑寡妇的毒液注入马血清中制成的。而毒液只能从活的黑寡妇身上“挤”出来，这需要一系列繁琐的工序，诸如用轻微的电击刺激蜘蛛喷出毒液，再吸入一根细管之中。蜘蛛们经常被电到呕吐，这就需要一套能够区分呕吐物和毒液的收集系统。

当感到网上的振动之时，黑寡妇就做好了攻击的准备。在厕所还是露天的那个时代,藏在马桶下的蜘蛛会攻击任何惊扰到它的人。幸运的是，室内厕所的推广使得大部分人不必再害怕遭受这种痛苦而危险的叮咬。

近亲： 寇蛛属下大约有 30~40 个种，它们是织网蜘蛛的一个组成部分。这些蜘蛛为数众多，分为好多个科，或织出规则的八卦阵，或织出一团乱麻。

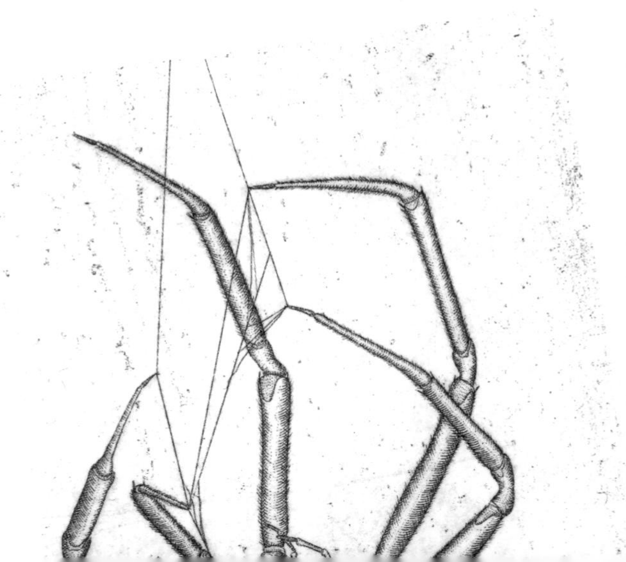

蜇人的毛毛虫

一个 20 岁的加拿大女人从秘鲁度假回来后，发现自己的腿上有些奇怪的伤痕。4 天后，她发现伤处根本没有好转，反而恶化了，她只得寻求治疗。医生问她在假期里是否遇到了什么不寻常的东西，这个女人回忆道：一个星期前，她曾在秘鲁赤脚走路，踩到了 5 只毛毛虫。当时她立刻感到了一阵剧烈的疼痛，从脚板一直传到了大腿，以至于她都无法走路了，之后她还感觉到头痛。不过在第二天情况就好多了，所以她也没有想到去看医生。

回家之后，这个女人的病情恶化了，患处肿得越来越厉害，有些肿块变得和她的手一样大。医生遍寻毛虫蜇人的报告，希望找到可行的治疗方法。最终，医生发现，使这个病人蒙受痛苦的很可能是产自巴西的某种虫子。他们联系了巴西的医院，请那边的医生准备了一些抗毒血清。两天之后，这救人的药物运到了加拿大。

她住院的第三天，巴西的血清终于到了——而这已经是她被毛虫叮咬之后的第10天了——这个不幸的女人的肾功能开始衰竭，血液不能正常地凝固。而在抗毒血清生效之前，她的大部分内脏都衰竭了。几天之后，她死了。

因毛虫叮咬而死的人非常少见，在已知的物种中，也仅有非常少的毛虫能给人造成生命危险，但世界上依旧有很多毛虫会用蜇人的刺毛作为防御手段。

火毛虫

Lonomia obliqua 和 *L. achelous*

那个不幸的加拿大女人可能就是死在这种火毛虫的毒毛之下。火毛虫有两种，一种生活在巴西南部，另一种生活在巴西北部以及委内瑞拉。这些夹杂着绿色、褐色、白色的毛虫披着貌似仙人掌尖刺的锐利毛刺。无论是在地面上还是树干上，它们更多时候都是聚成一群，使得赤脚行走的或是倚靠着树干的人容易一次被好几只火毛虫攻击。这种毛虫能够释放大量强力毒素，导致受害者体内大出血甚至是器官衰竭。虽然巴西人开发出了有效的抗毒血清，但是受害者必须在被蜇到之后的 24 小时内注射才有效，所以如果被这种毛虫蜇伤，一定要立即就医。

巴西科学家相信，采伐森林会导致更多人与这种火毛虫接触。随着森林被砍伐，火毛虫移居到了更广阔的区域，寻找果园中的果树把它们作为食物来源。最近 10 年，公共卫生部门记录了 444 起火毛虫伤人事件，其中有 7 个死亡的案例。

舞毒蛾
Lymantria dispar

在美国宾夕法尼亚州北部，一种快速蔓延的欧洲蛾子要为一系列发生在学龄儿童中的神秘群发丘疹事件负责。1981 年春，卢泽恩县的两个学校中大约有三分之一儿童的手臂上、脖子上和腿上长出了丘疹。医生从他们的手上和喉咙里提取出了一些样本，希望发现这种传染病的源头，但一无所获。最终，他们挑出那些没有发疹的孩子，和这些孩子面谈，统计了他们在森林里玩耍的时间。医生也问了发疹的病童相同的问题，然后发现，这起神秘的群发丘疹事件与孩子们到室外玩耍有莫大的联系。医生们认定，这起事件是舞毒蛾造成的。这种蛾子的幼虫在那两个学校周围的森林里相当多。

这种致人发疹的毛虫有着柔软的长毛，能够造成难忍的疼痛，但从未出现过对人造成长期伤害的案例。即使如此，舞毒蛾也会对森林造成巨大的破坏。在过去的30年间，每年有超过100万英亩（约4,000平方千米）硬木森林的叶子被它们吃光了。尽管这种毛虫不会杀死树木，但会使树木变得虚弱，更易受病害的侵犯。在加拿大直至美国东海岸都发现过舞毒蛾和它们的幼虫，甚至远到密歇根州西部、俄亥俄州、明尼苏达州、伊利诺伊州、华盛顿州和俄勒冈州，它们都有分布。

律蛱蝶

Lexias spp.

这类产自东北亚的蝴蝶非常美丽，常被圈养在蝴蝶温室中，或是作为蝴蝶爱好者的收藏。律蛱蝶成年雄性的翅膀以黑色打底，夹杂着蓝色、黄色或是白色的斑纹。它们浅绿色的幼虫并不常见，除非是在其分布地区的乡间，或是蝴蝶农场当中。律蛱蝶幼虫的身上披着异常尖锐的刺毛，使它们看起来像是一丛松针。这多刺的铠甲不但保护它们免遭天敌的猎杀，还能使得年幼的个体免遭同类的捕食。

壳盖绒蠹

Megalopyge opercularis

别被这种毛虫波斯猫似的外表愚弄了！这种被称作法兰绒蛾或是角蝰蛾的物种的幼虫，是北美最毒的毛虫之一。任何想摸摸它们柔软金褐色长毛的人都会被扎得一手毒毛，伤口处会起泡、发疹，感受到火烧一般的疼痛。疼痛会扩散到整个肢体，最极端的反应包括恶心呕吐、淋巴结肿大以及呼吸困难。正常情况下一天之后伤者的病情就会好转，但在最糟糕的情况下，可能需要好几天才能恢复。被壳盖绒蠹蜇过的人表示，那感觉就像是整个手臂被折断了或是被大锤敲击一样。这种疼痛来势汹汹，出人意料，因此有些受害者会感到恐慌。

对于这种毛虫造成的蜇伤，并没有什么特殊的治疗方法，无外乎冰敷，使用抗组胺药物，抹上乳霜或是油膏来减轻疼痛。用胶带粘皮肤有时能将其中的毒毛粘出来，但这也只能提供些微的帮助。晚春到初夏的时候，壳盖绒蠹的幼虫在美国北部很常见。它的成虫出现在夏季，浑身长满了毛，就像一只大号的毛绒蜜蜂。

[别被这种毛虫波斯猫似的外表愚弄了！]

巨斑刺蛾

Automeris io

巨斑刺蛾分布广泛，它们的栖息地北起安大略湖、魁北克和新不伦瑞克省，穿过南、北达科他州，直到亚利桑那州、新墨西哥州、得克萨斯州和佛罗里达州东部。在这广阔的地域之中，它们是一种寻常的生物。这种蛾子的后翅上有一对巨大的“眼睛”，使它们深受自然摄影师的厚爱。而它们的幼虫也有巨大的吸引力——但也非常可怕。这种浅绿色的生物身上有许多肉瘤，每个肉瘤上都会长出一簇末端黑色的刺毛。被这刺毛蜇伤，人会感觉到疼痛，其危害并不大，但如果引发了过敏还是有可能严重到需要药物治疗的程度。

鞍背毛虫

Acharia stimulea

在这种又短又胖的褐色毛虫的背上和身体两侧，有着极具特色的绿色“马鞍”，而在这个“马鞍”的中央有一个紫色斑点作为点缀。这种生物的身上有若干丛刺毛，保护着它们的头、尾以及腹部，这些刺毛常被误认作蜜蜂的螫针。夏季，鞍背毛虫在美国南部很常见，而你能在 7 月到 8 月间看到它们暗褐色的成虫在空中飞舞。

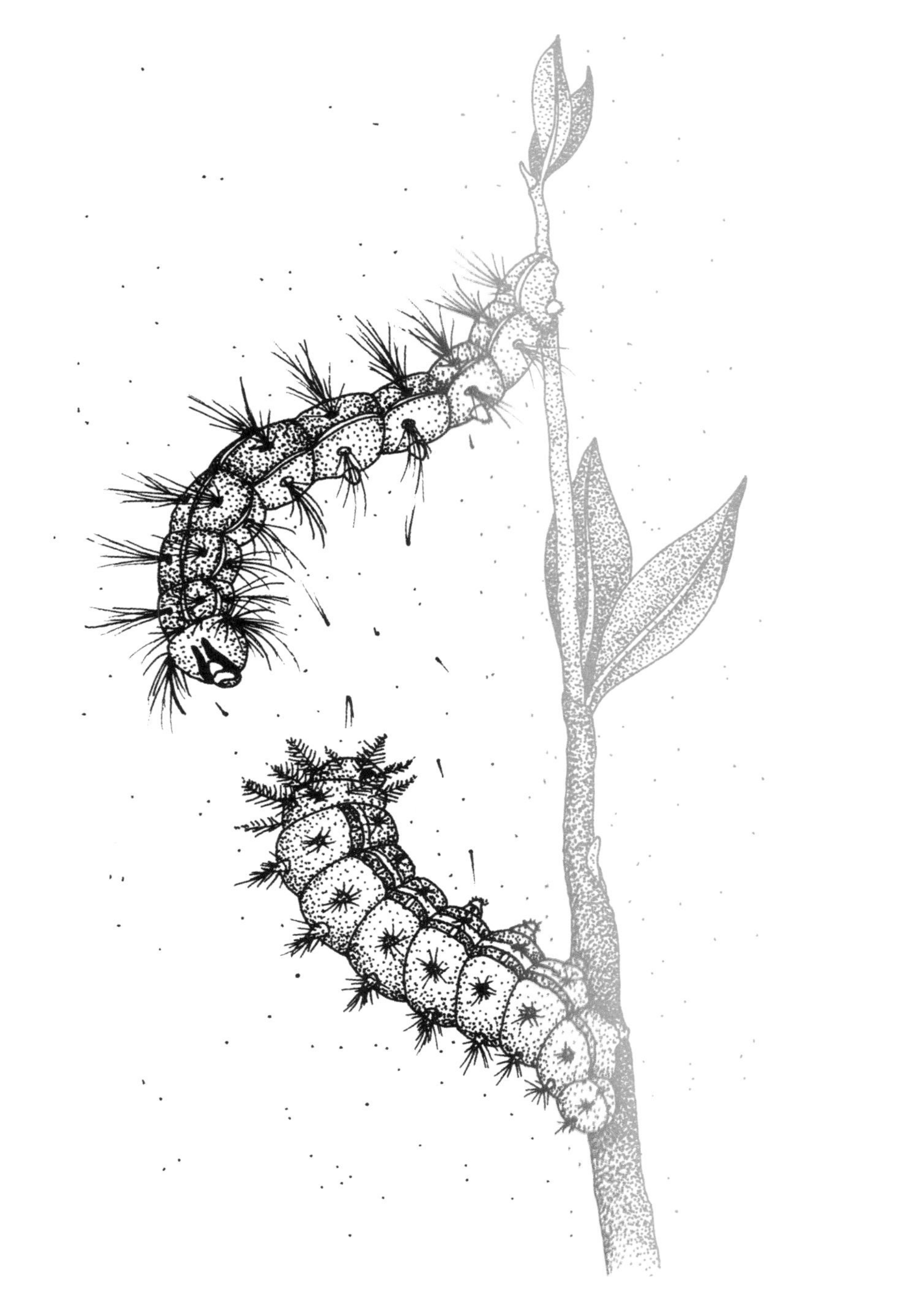

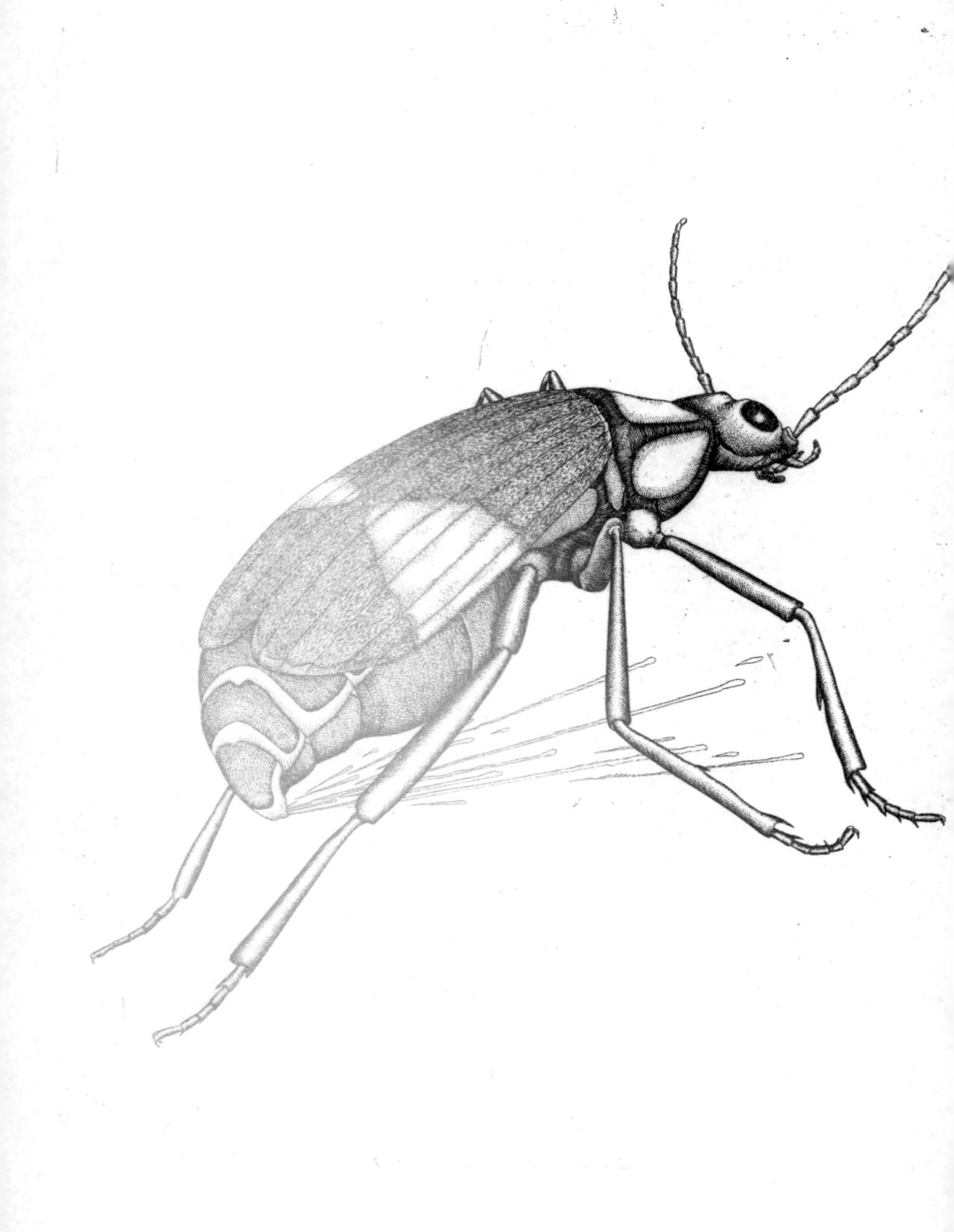

气步甲

（*Stenaptinus insignis*）

大小：20毫米以上。

科：步甲科（Carabidae）。

栖息地：无论是沙漠还是森林，气步甲都能适应。

分布：美洲、欧洲、澳大利亚以及非洲、中东、亚洲、新西兰。

1828年，年轻的达尔文还在剑桥大学读书，但他发现自己对课堂已经没有激情了，取而代之的是对窗外大自然的热爱。就像当时很多年轻的英国年轻人一样，他是一个热心的甲虫收集者。在英国的乡间捕捉虫子看起来是一种温和的消遣，但达尔文在一次实地考察中却陷入了麻烦——当然这也是个有趣的发现。

“一天，”他写道，“在撕掉一些树的老皮之后，我看到了两只罕见的甲虫，于是我一手抓住了一只；然后我看到了第三只甲虫，是另外一种，我当然不能不抓到它，所以我将抓在我右手上的那只甲虫塞进了嘴里。啊！它喷出了一种具有强烈刺激性的液体，刺痛了我的舌头，所以我不得不将那只甲虫给吐出来。于是，我失去了两只甲虫——嘴里那只和没有抓到的第三只。”

现在，我们几乎能够确定达尔文放在嘴巴里的那只甲虫是气步甲。惊扰了一只这种甲虫之后，你会听到一声巨大的爆裂声，看到从它尾部喷出的就像火炮一样的灼人喷雾。

每秒钟，气步甲能向敌人开火 500~1,000 次，就像是自动武器一样。

除了能让试图用嘴储存活的气步甲的人大吃苦头之外，这种甲虫无法对人类造成什么伤害。但对于它们的天敌（包括蚂蚁、更大的甲虫、蜘蛛乃至青蛙和鸟类）来说，最好在气步甲瞄准好之前逃走。

气步甲武器的构造吸引了不少武器制造商。这种甲虫的一种腺体会储存对苯二酚，它是刺激性极强的化学物质对苯醌的前体，而气步甲就是用这种炮弹对付天敌的。而在腺体中还储存着过氧化氢（俗称双氧水——译者注）。这两种化学物质平时不会发生反应，直到加入一种催化剂——但气步甲受到攻击时，发生的事可不只这些。储存的对苯二酚和过氧化氢被压入一个反应室，与催化剂混合，产生剧烈的化学反应：它们的化学性质被改变，被加热到沸点。化学反应还产生了足够大的压强，把这些混合物喷了出去，制造出巨大的爆裂声。先进的技术记录了气步甲开火的过程，每秒钟，它们能向敌人开火 500~1,000 次，就像是自动武器一样。

讽刺的是，攻击达尔文的气步甲曾被用来攻击他的演化理论。神创论者和智能设计论者断言，这种甲虫的防御工具实在是太复杂了，无法进化出来。这些人将他们认为无法通过遗传变异、由简单演化为复杂的构造称为“不能简化的集合体”。他们经常提起的论据是过氧化氢和对苯二酚在虫子体内是混合在一起的，而两种物质如果混合了，虫子就会被炸死，这样精巧的结构肯定是不能经过一定的时间就演化出来的。但事实上他们的论断是错的，昆虫学家指出，从解剖学的角度来说，这两种物质的确存放在一起，但只有在“开火”前会和催化剂混合，发生化学反应。而气步甲火力系统的原始版本在多种昆虫身体中出现过，所以演化出这样一种威力强大的武器并非不可能。

目前，人类一共发现了大约500种气步甲，它们生存在纸板、树皮、松动的岩石之下。在夜晚它们会爬出藏身地，在开阔地带快速移动。气步甲更喜欢潮湿的地方。归功于它们优秀的防御工具，有些气步甲甚至能活上好几年。有着闪亮的黄黑相间斑点的非洲气步甲（*Stenaptinus insignis*）并不只外表引人注目，它们能射出温度高达270华氏度（约132摄氏度）的“炮火”，更奇妙的是这种虫子能灵活地转动腹部,喷向任何想要攻击的方位,几乎没有任何死角。

近亲：　步甲科的生物，在全世界共有3,000多种。

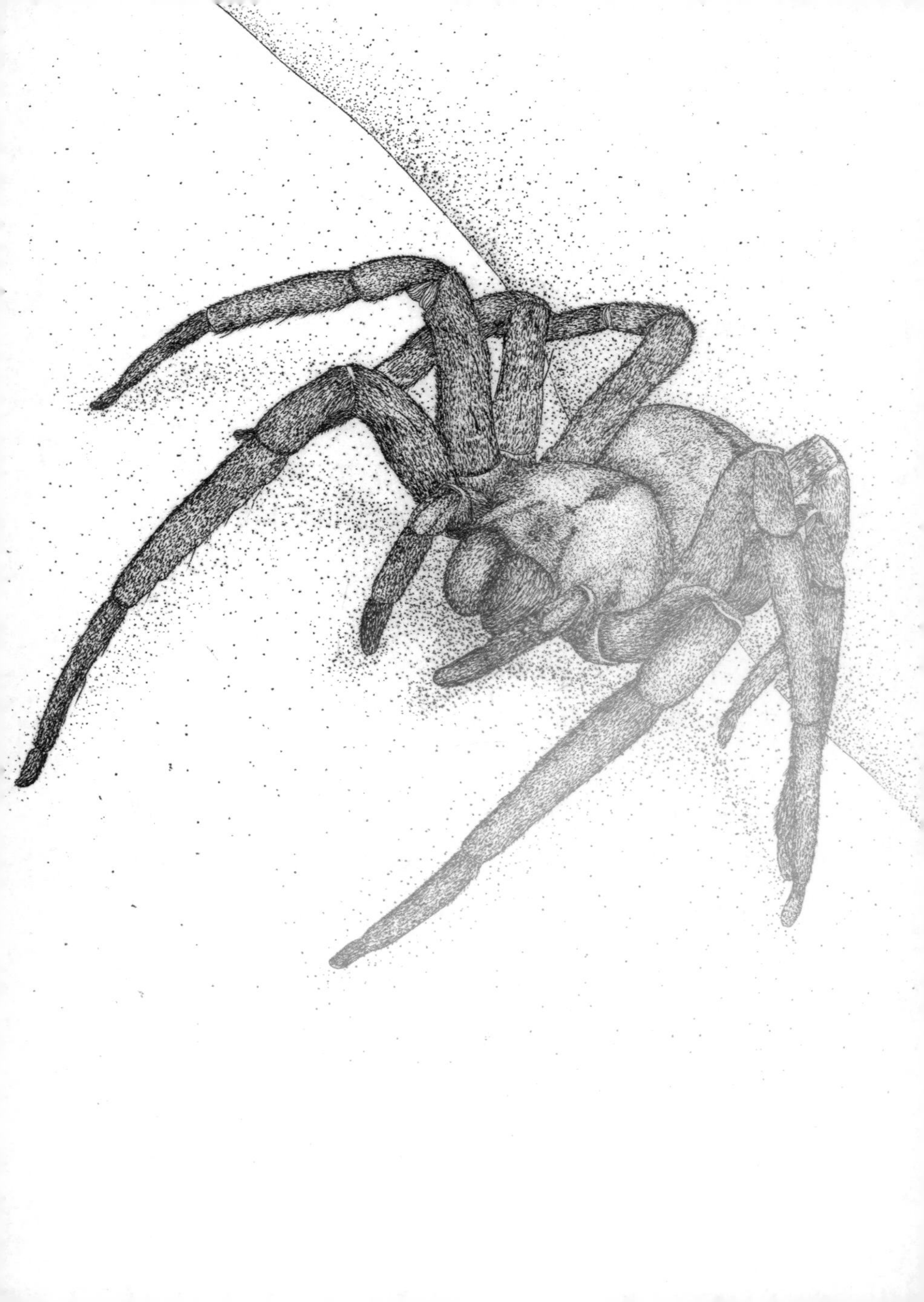

巴西游蛛

（*Phoneutria* sp.）

大小：脚展开有 150 毫米。

科：栉蛛科（Ctenidae）。

栖息地：生活于雨林当中，偏好栖身于黑暗避光的木垛里或落叶下。

分布：中南美洲。

在一个平淡无奇的日子里，行李在里约热内卢机场的安检流水线上平稳移动。行李箱中的比基尼、凉鞋、防晒霜等琐碎物品在 X 光机下展现无余。突然，一个手提箱让整个流水线停了下来，几百个箱子的队列骤然停止在安检机前，看起来就像是扭曲的腿部。

有人试图将一些致命的蜘蛛带出巴西。这个行李箱中塞满了许多白色小盒子，每个盒子里都装着一只活蜘蛛。走私者是一个年轻的威尔士人，他声称要把这些蜘蛛带回自己位于威尔士的蜘蛛商店内卖掉。在彻底搜查他的行李后，执法人员发现其中有一千多只蜘蛛。他甚至将它们藏在自己的手袋里。巴西安全部门的行政官员称，这有可能导致蜘蛛在航班的飞行过程中溜出来，如此这般，造成的混乱将是不可想象的。

蜘蛛们被送去实验室鉴定，在那里人们发现它们都非凡种。巴西游蛛——世界上最危险的蜘蛛——赫然存在于这个威尔士人走私的蜘蛛中。

这种大型的暗棕色蜘蛛并不像它们的许多亲戚那样稳坐在八卦阵中守株待兔，相反，它们会在森林的地面上徘徊，甚至会穿越街道，在深夜的城市中狩猎。在遇到挑衅者之后，大部分蜘蛛都会逃之夭夭，但巴西游蛛却会站在原地，举起后腿准备战斗。任何想干掉它的人最好都瞄准点，如果一扫帚打下去没造成致命伤，它就会迅速地顺着扫帚柄爬上来，狠狠地咬你一口。

巴西安全部门的行政官员称，这有可能导致蜘蛛在航班的飞行过程中溜出来，如此这般，造成的混乱将是不可想象的。

巴西游蛛的叮咬会迅速导致剧痛，接下来伤者可能会呼吸困难、麻痹乃至窒息。另外，它会导致一个奇怪的症状：阴茎勃起，持续勃起。遗憾的是，这只是痛苦的中毒反应，而不是什么好征兆。任何怀疑自己被巴西游蛛咬了的人必须立刻去寻求医生的救助，只要有一点点运气并接受适当的照顾，就不至于死亡。

游蛛属（*Phoneutria*）下一共有 8 个物种，它们遍及中南美洲。这些家伙都有 8 只眼睛，其中 4 只组成了一个方形，长在脸的前方。这 8 个物种并非都那么毒，大多数人被咬了后只会感到并不剧烈的疼痛，很快就能恢复。但其中毒性最猛烈的几个物种却能够杀人，对于小孩或是老人来说风险尤甚。

这种蜘蛛有时会爬到香蕉树上猎食，因此会被夹带进香蕉中，因此它们得了个“香蕉蜘蛛”的诨号。香蕉或是其他货物中可能夹带不少动物，其中有一些种类看起来和巴西游蛛很像，而世界上又没有多少科学家能够精确无误地鉴定出它们。于是，许多进口商品中误夹带的生物导致的叮咬事件都被强加在游蛛身上。尽管如此，2005 年曾有人被真正的巴西游蛛咬伤过：一个英国厨师在厨房里打开一盒香蕉的时候被咬了，他强忍住疼痛，设法抓住手机给那只蜘蛛拍了张照片。后来这只蜘蛛在厨房里被抓到了，经过专家鉴定，医生得以对症下药。虽然在医院里躺了一个星期，但他万幸地活了下来。

近亲：栉蛛科的其他种类多半都是游猎而非网捕，但对于它们的毒性，我们知道得很少。

毒蝎的诅咒

蝎子的毒刺能带来疼痛，但通常对于成人来说不是致命的，而孩子被蜇到就不一样了。1994 年，美国加利福尼亚州一个家庭在巴亚尔塔港度假的时候，付出了惨痛的代价才得到这个教训。他们 13 岁的孩子踩到了藏在他鞋子里的蝎子。这个男孩哭了起来，口吐白沫，马上发起了高烧。当被送到当地的急救室里时，这个孩子的心跳甚至还停了一小会儿。最后，他的父母联系了圣地亚哥的一家医院，乘飞机把戴着维生装置的他送了过去。小男孩从鬼门关里爬了回来，但当时甚至是院方都不敢保证能把他救回来。

对于一个年幼的孩子来说，蝎子的神经毒素会毒害他的神经，导致癫痫，使他失去对肌肉的控制以及承受不可忍受的疼痛。到现在为止，面对这种情况时家长们都只能眼巴巴地看着，而医生可以做的也不多，只能想办法不让毒素扩散到孩子全身。

幸运的是，一种新的治疗方式已经进入了临床试验。在凤凰城儿童医院，家长们能够选择让其被蝎子蜇了的孩子服用镇静剂，或者使用一种名为“抗蝎毒素”的抗毒血清。这种药物通过静脉注射进入患者的体内，通常会在几个小时内开始工作。而当它生效以后，患者仅仅需要再吃一点止痛药，当天就可以回家。这种突破性的治疗方式在美国亚利桑那州大受欢迎，在那里每年都有约 8,000 人被蝎子蜇伤，这其中差不多有 200 名年幼的蒙受巨大痛苦的儿童。

沙漠里这种蛛形纲动物为数众多，而在其他的热带、亚热带地区，它们也不少见。全世界大约有 1,200 种蝎子——当然这个数字只是人类已识别出来的种数。仅仅依靠一个伤口很难识别出是被哪种蝎子蜇伤的，除非抓住蜇人的蝎子才有可能确切地鉴定出来。以下有个名单，如果你遇到了这些家伙还是避开为好。

亚利桑那树皮蝎

Centruroides sculpturatus

它们是亚利桑那人最害怕的蝎子。亚利桑那树皮蝎生活在美国西南以及墨西哥。这种蝎子会把巢建在石块或是木头堆的下面，但它们经常会进入室内。因为体长只有 7~8 厘米，人们容易忽视它们，尤其是在这种蝎子活动的晚上。幸运的是，它们在紫外线的照射下会通体发光，想避免这种蝎子爬到床上的亚利桑那人可以去市场上找猎蝎工具，其中就有种黑光灯手电，绝对能帮上忙。在美国，这种蝎子的毒蜇绝对是最疼的，被它蜇上一下，很可能疼上 72 个小时。另外，它们对年幼的儿童和宠物来说可能会导致生命危险。亚利桑那树皮蝎和杜兰戈毒蝎（*Centruroides suffusus*）是近亲，后者是墨西哥最致命的毒蝎之一，分布在奇瓦瓦沙漠。

亚利桑那树皮蝎在紫外线的照射下会通体发光，想避免这种蝎子爬到床上的亚利桑那人可以去市场上找猎蝎工具，其中就有种黑光灯手电，绝对能帮上忙。

土耳其黑肥尾蝎

Androctonus crassicauda

在伊拉克服役的士兵都被警告过要注意这种高度危险的暗棕色

蝎子，土耳其黑肥尾蝎得名于它们又大又危险的尾巴。军方将它们评为世界上最致命的蝎子之一，并警告说这些家伙可能会导致心脏或呼吸器官功能衰竭，致人死亡。

以色列金蝎
Leiurus quinquestriatus

以色列金蝎是军方告诫士兵们要避开的另外一种中东毒蝎，这种亮黄色或淡棕色的蝎子在沙地中很难看到，但是它们的毒性却非常凶猛。曾有一个被它蜇了两下的空军医疗兵，被直接装上飞机，送回了战地医院。在医院里，她被连上了维生装置，医生们动用了一种尚处于试验中的抗毒血清才保住了她的性命。

特立尼达毒蝎
Tityus trinitatis

特立尼达毒蝎分布在特立尼达岛上，它们个头很小，体长只有5~6厘米，但这种毒蝎凶猛的一击甚至有可能造成胰腺炎症。有少量儿童因中了这种蝎子的毒而离开人世，他们中的大多数都是因为心肌或心肌膜受损而死的。

美洲巨鞭蝎

Mastigoproctus giganteus

它们不是真正的蝎子。美洲巨鞭蝎这种蛛形纲动物和其同类也被称为有鞭蝎，它们会用一种非常奇怪的天然“大炮”保护自己：它们不会蜇伤敌人，而是选择喷出含有 84% 乙酸的液体喷雾来攻击对手。食醋在通常情况下只含有 5% 的乙酸，相比之下，你就能知道巨鞭蝎喷出的液体酸性有多强了。巨鞭蝎的防御手段中，最不同寻常的是它们能够像人类舞动鞭子一样挥舞尾巴，将酸液喷向任何想攻击的方向，使得掠食者不得不寻找隐蔽之处，落荒而逃。

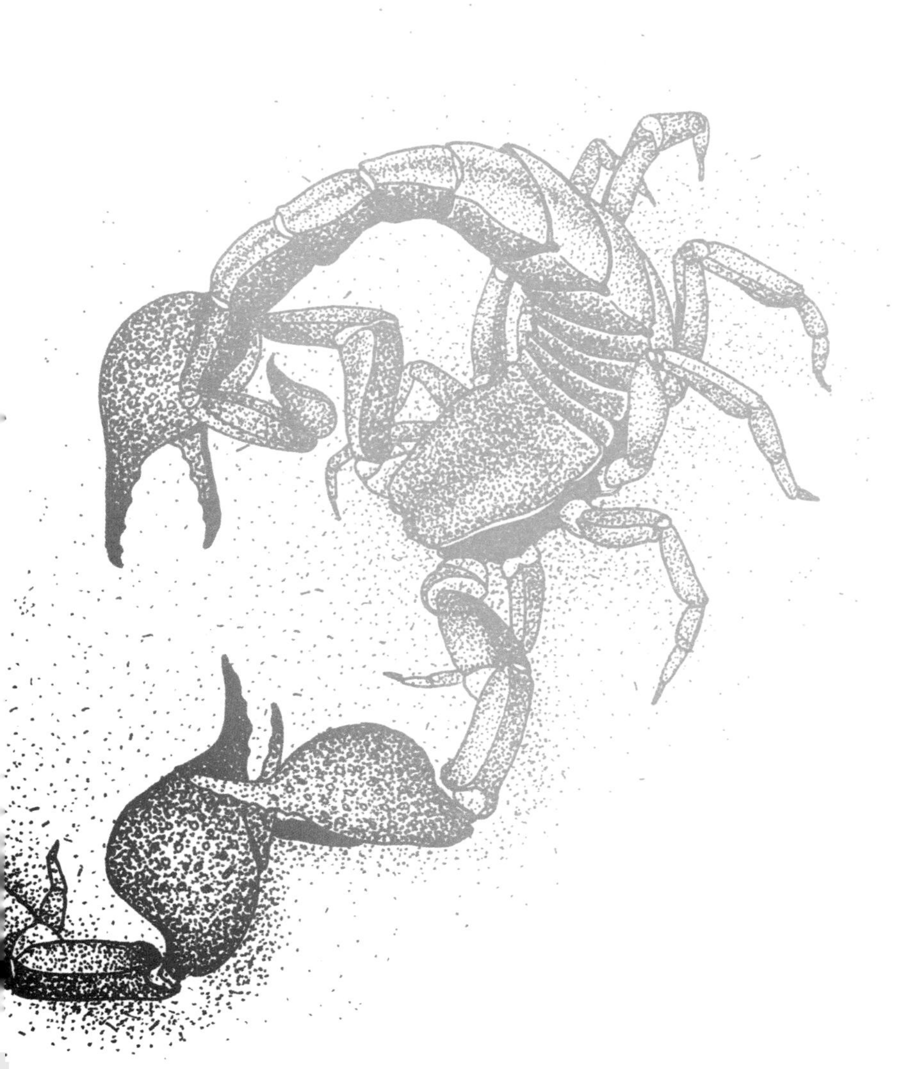

茶翅蝽

（*Halyomorpha halys*）

大小：17 毫米。

科：蝽科（Pentatomidae）。

栖息地：果园、农场、牧场。

分布：中国、日本、韩国以及美国的一部分地区。

美国宾夕法尼亚州和新泽西州的一些居民惧怕秋天的来临，因为这意味着茶翅蝽一年一度的入侵又要开始了。这种扁平褐翅、来自中国的昆虫能够进入极其微小的洞口，从门窗周围的缝隙、阁楼上的裂缝以及管道系统中溜进室内。在人类的居所中它们能像在自己的家里一样怡然自得，乐于在此逃避冬日的寒风，度过接下来的几个月。

宾夕法尼亚州下艾伦镇的一个家庭抱怨说，当他们打开厨房里的柜子时，总能看到这种虫子端坐在他们的盘子上。这些讨厌鬼还经常藏进他们的内裤，躲在他们的床下，上百只成群地在他们的阁楼上乱爬。而当圣诞来临时，这些家伙还会爬上圣诞树，混迹在灯饰之中。

这家的男主人是个强迫症患者，不能忍受茶翅蝽在他的视线中乱窜。他用胶带封好窗户，但是这种虫子依旧能进屋。甚至在工作中他也不能免受折磨：作为一位邮递员，他每天都能在邮箱里发现茶翅蝽。

这种侵入室内的入侵者最让人无法忍受的是它们的气味。很难用文字准确地描述蝽的臭味：有人说它有腐烂的水果味，就像是烂樱桃混合了牧草味，或者描述为一种混合了霉味、麝香味、杏仁味的感觉。大多数人简单地称其为一辈子都忘不了的极其难闻的臭味。这些家伙只要被惊扰到了，例如被踩到，被吸尘器吸进垃圾中——后者是专家推荐的处理蝽的方法——就会释放臭味，而这种味道能吸引它的同类进入室内。当数量多到一定程度时，这些虫子甚至能够造成交通危害：1905 年，凤凰城的一个十字路口新装了一个交通灯，它吸引了太多的蝽，使得车辆都无法从一堆一堆的虫子上越过。

茶翅蝽可能是 20 世纪 90 年代被意外地引入宾夕法尼亚州的。与蝽科的其他物种差不多，这种扁平宽身的昆虫从上面看就像个盾牌。它们用来防御敌害的化学物质包括氰化物，正是这种物质散发出苦杏仁味儿。虽然蝽类一般来说是无害的，它们只会对植物造成很小的伤害，但这种亚洲入侵者却有向它的寄主们——包括果树、豆类以及其他作物——传播疾病的潜在风险。在宾夕法尼亚州建立种群之后，它们还扩散到了新泽西州，并且继续蔓延，越过了俄勒冈州的边境。现在，在美国的 27 个州中都能发现茶翅蝽的身影。

[当圣诞来临时，这些家伙还会爬上圣诞树，混迹在灯饰之中。]

虽然蝽类对植物的危害很轻微，但是它们通常被当作室内害虫。这些家伙在柜子里爬来爬去。每当人们要穿衣服时，都得使劲摇晃，以把它们除去。女人们发现这些讨厌鬼在自己的头发上爬行。它们会溜进窗式空调当中，使得人们不得不在冬天把空调拆下来，或是完完全全地封死。虽然喷洒拟除虫菊酯杀虫剂能够杀死室内的虫子，但躲在缝隙当中的茶翅蝽却可能安然无恙，而杀虫剂造成的健康风险很可能比这种虫子造成的还要大。用吸尘器能解决掉它们，但这些家伙的气味实在是太强烈了，大多数人都得多买一个吸尘器，专门对付它们。

唯一给人们安慰的是，这种虫子在冬天不繁殖，所以它们不会在室内建立家庭。春天一到，成虫就会离开藏身之处，来到室外，在那里交配、产卵。茶翅蝽的卵会在晚夏孵化，若虫在成年之前要经过 5 次蜕皮阶段。就像它们的双亲所做的，它们会在 10 月份进入室内，找个地方好过冬。

近亲： 蝽科是个大家庭，拥有多种多样的成员，它们分布在大洋洲、南北美洲、欧洲、亚洲以及非洲。它们的近亲包括缘蝽科这个类群，这些家伙食谱很广， 采食多种植物。

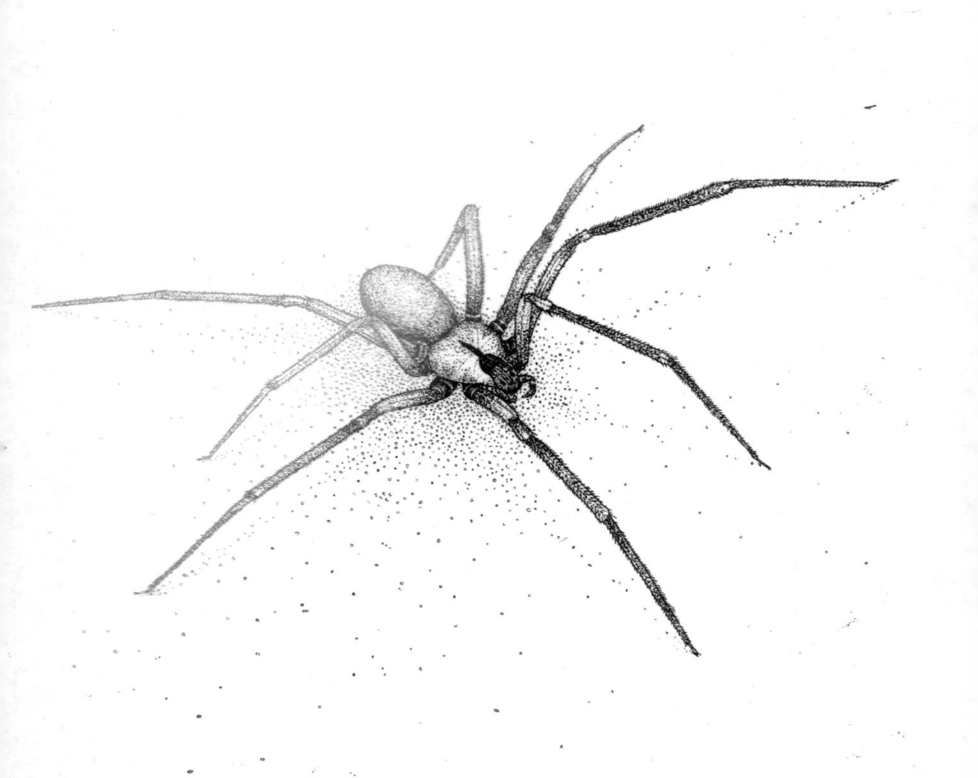

棕隐士蛛

（*Loxosceles reclusa*）

大小：大的可长到9.5毫米长。

科：丝蛛科（Sicariidae）。

栖息地：干燥、有庇护之处、不易被打扰到的环境，例如木柴垛、落叶堆以及灌木丛中。

分布：美国中南部。

啊，这被误解的可怜的棕色隐士！折磨人的所有脓包、疖子以及丘疹带来的骂名都曾归于低调的棕隐士蛛的头上。在医学杂志中，这种蜘蛛曾被认为是引起葡萄球菌感染、疱疹、带状疱疹、淋巴瘤、糖尿病相关的溃疡、化学烧伤甚至是处方药过敏的罪魁祸首。但蜘蛛学家坚持认为只有两种方法可以精确地鉴别出棕隐士蛛的咬伤：要不就在被咬伤的时候把蜘蛛给抓住，要不就在刚被咬伤的时候让皮肤病学家鉴定。如果没有这样的证据，是无法证明跑来找医生寻求帮助的病人身上的疼痛、溃烂是由这种可畏的蜘蛛造成的——而误诊带来的伤害经常要比蜘蛛的毒吻本身更致命。

这并不是说棕隐士蛛从不咬人，也不是说它们咬人不痛。被它狠狠地咬上一口，会导致伤口中间的组织死亡，以及严重的皮肤溃烂。

伤口上会出现一个红、白、蓝相间的牛眼状花纹：剧痛的红色边缘区域，血液流动受限的白色环形区域，以及中央死亡的血肉形成的蓝灰色斑点。与流言描述的相反，大多数人很快就能好，即使是那些非常严重的案例，伤者在一两个月后也能痊愈。而那些有关它们咬人致死的新闻报道，也被一些棕隐士蛛专家质疑过。

> 美国堪萨斯州的一个家庭仅仅花了半年的时间，就在住宅里面和周围收集了 2,000 多只棕隐士蛛。但值得注意的是，在这个过程中没有任何人被咬伤。

如何解释有如此多的病例被误诊为棕隐士蛛咬伤？大量的新闻报道曾将一些神秘症状归结于这种蜘蛛，但在那个年代它们并不知名，到了 20 世纪后半叶，棕隐士蛛才为大多数人所知。现在看来，那时人们只要有莫名其妙的伤患，总能在附近找到一只微小的棕色蜘蛛。然而棕隐士蛛又很容易和其他蜘蛛混淆：有不少和它相像的蛛形纲动物，甚至有些种类的背上也有相似的小提琴状花纹。唯一能准确无误地鉴别出棕隐士蛛的方法是仔细观察它们的眼睛。它们的眼睛一共有 6 只，排列成 3 对。专家能够利用其有着均匀棕色且布满短毛的腹部、棕色而光滑的腿以及微小的尺寸（它们的身体不会长于 9.5 毫米）认出它们。

隐士蛛属（*Loxosceles*）的蜘蛛生活在美国中南部，但它们咬伤人的报告遍布全美国。现在，棕隐士蛛已被确认分布在美国以下 16 个州：得克萨斯州、俄克拉何马州、堪萨斯州、密苏里州、阿肯色州、路易斯安那州、密西西比州、亚拉巴马州、田纳西州、肯塔基州、内布拉斯加州、艾奥瓦州、伊利诺伊州、印第安纳州、俄亥俄州和佐治亚州。这个属下的其他一些物种，包括沙漠隐士蛛（*L. deserta*）、亚利桑那隐士蛛（*L. arizonica*）、阿帕奇隐士蛛（*L. apachea*）、温和隐士蛛（*L. blanda*）以及德维亚隐士蛛（*L. devia*），分布在墨西哥北部直到美国得克萨斯州、新墨西哥州、亚利桑那州，再到南加利福尼亚州内陆地区的广大区域中，但它们并不是真正的棕隐士蛛。

在美国的其他地方发现这种蜘蛛的报告层出不穷。一些蜘蛛学家曾公开悬赏：任何人能够在未被证实有棕隐士蛛的地方发现这种蜘蛛就能获得奖金。一位加利福尼亚州的科学家称这个为“给我蜘

蛛”挑战赛。经过数年的尝试，加利福尼亚大学的昆虫学家们依旧没有在加州发现棕隐士蛛。

对于那些住在有棕隐士蛛分布的地区的居民来说，如果他们知道了自己身边有多少这种生物，肯定会感到不愉快。美国堪萨斯州的一个家庭仅仅花了半年的时间，就在住宅内外收集了 2,000 多只棕隐士蛛。但值得注意的是，在这 6 个月内该家庭没有任何成员被咬伤。隐士蛛通常不咬人，除非是它们真的能够接近人类的皮肤，并受到了威胁。于是，专家建议：避免被棕隐士蛛咬伤的最好方法是在野营装备、寝具以及衣服长时间放在地上或是压在身下之后，好好摇晃它们以把可能存在的蜘蛛抖下来。他们表示，避开隐士蛛，隐士蛛也会避开你。

近亲： 隐士蛛都有 6 只眼睛，它们和同样拥有 6 只眼睛的六眼沙蛛（*Sicarius hahni*）关系很近。这些蜘蛛都以具有能造成组织坏死的毒素而闻名于世。

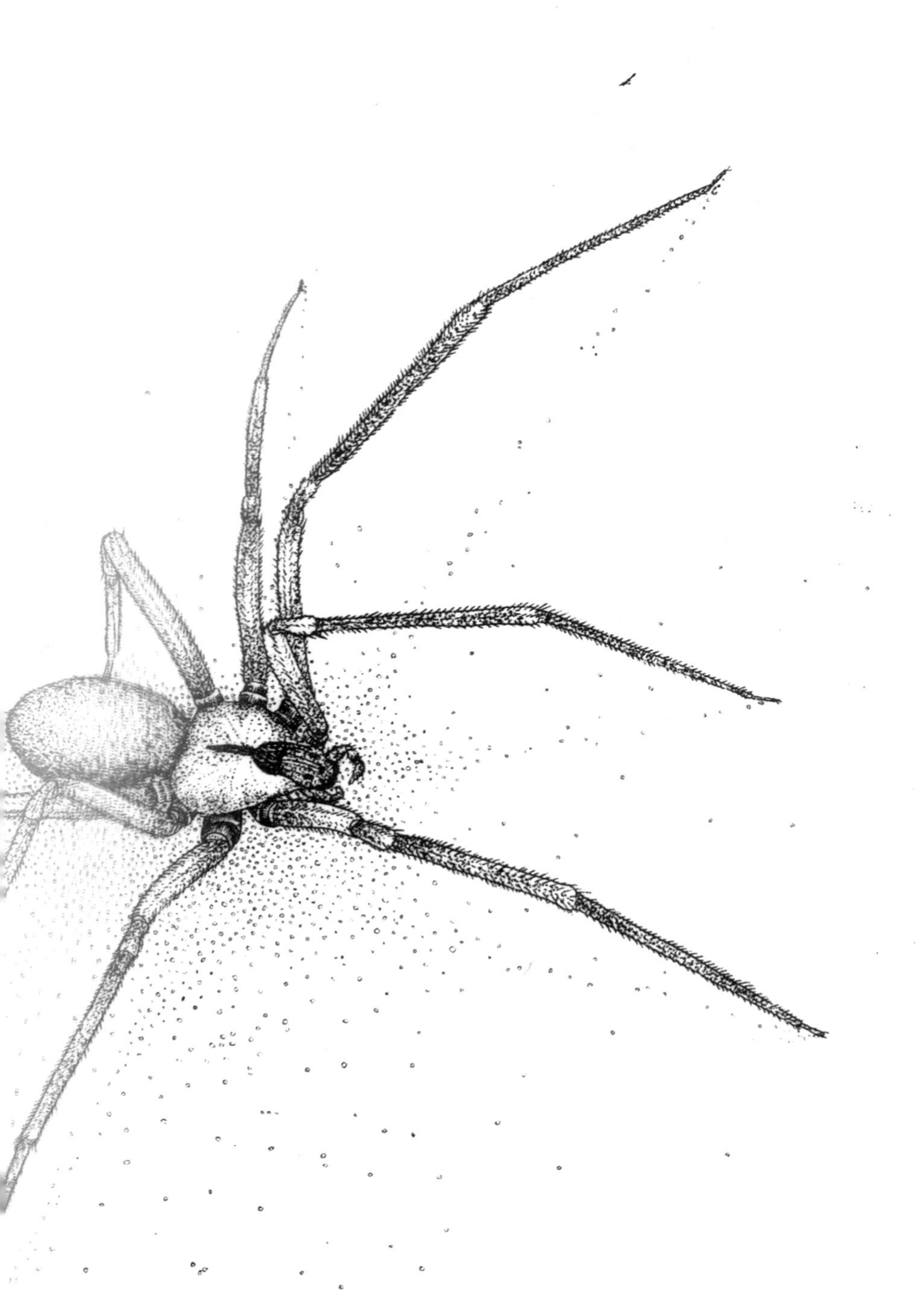

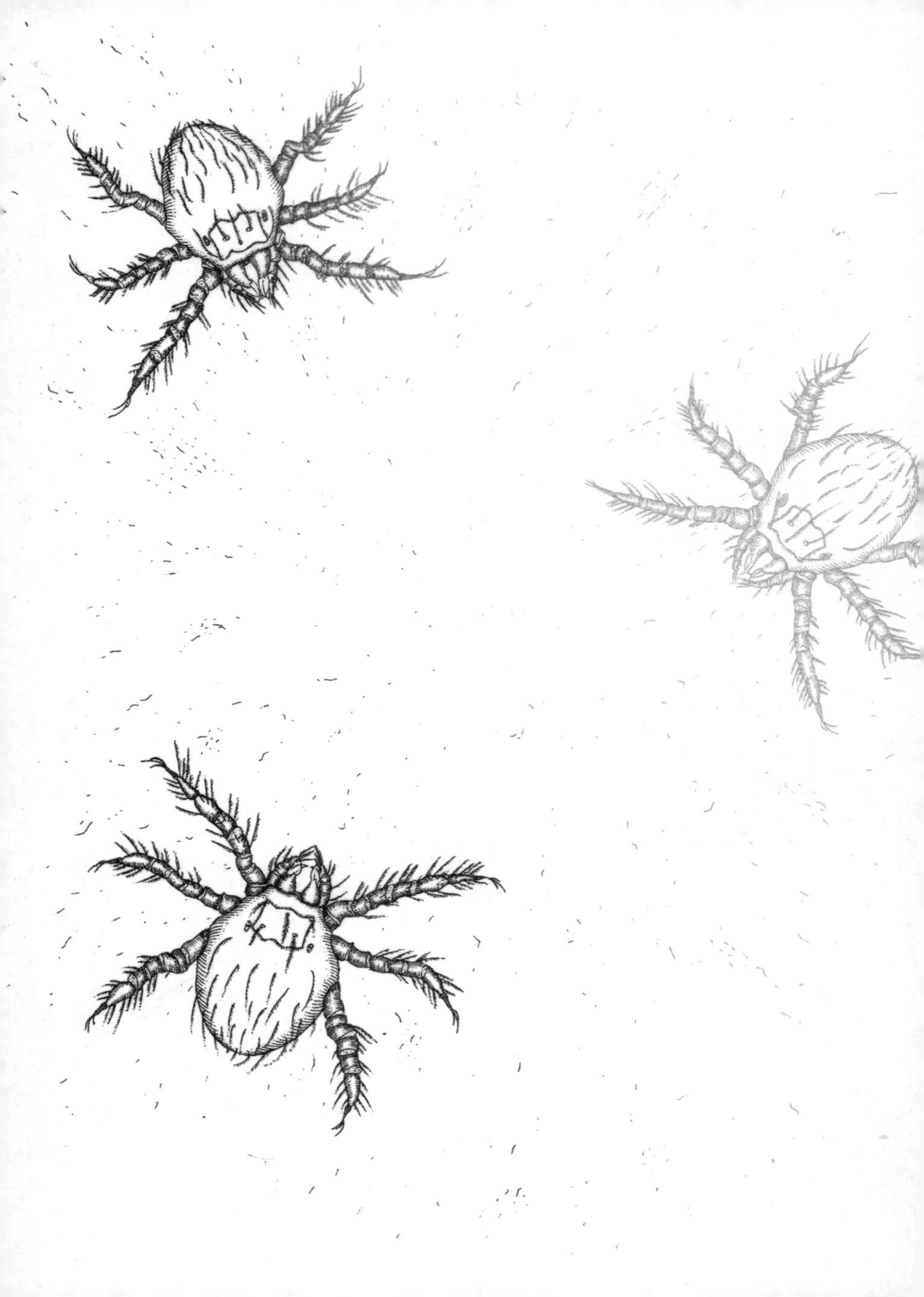

恙螨

（*Leptotrombidium* sp.）

大小：0.4 毫米。

科：恙螨科（Trombiculidae）。

栖息地：低洼、潮湿的草场以及森林。

分布：遍及亚洲和澳大利亚。

在第二次世界大战时，士兵们需要面对的敌人并不只包括人类。缅甸的季风季、陌生的地形以及奇怪的疾病组成了一个致命的组合。在 1944 年，差不多所有在这片土地上战斗过的士兵都因为某些原因进过医院。尽管战斗很残酷，但因疾病而死的士兵数要比因战斗而死的多 19 倍。肝炎、疟疾、痢疾以及性病都是严重的问题，但可能最难以治疗的疾病是陌生而又反复无常的洪水热——一种由名为恙螨的微小蛛形纲动物传播的疾病。

导致这种疾病的恙螨，实际上是纤恙螨属的一种螨虫的幼虫，它们是一种一生只吸一次血的极其微小的生物。它们小到仅凭其嘴巴无法深入到皮肤中有血管的那部分，正因为如此，它们仅仅是咬入人的皮肤当中，靠吸吮溶解的皮肤组织和渗出的血液为生。只有到皮肤上出现红疙瘩的时候，人们才会感觉到它们的存在。这种感觉通常是在恙螨离开它们取食的管道之时，用一个微小的尖刺刺激皮肤造成的。当恙螨享受够它这一生中唯一的一次血食之后，就会发育成熟，在其余生只会以植物为食了。

那么，这种疾病仅仅是由恙螨导致的吗？如果它一生仅在人身上取食一次，是没有机会在寄主之间传播疾病的。科学家们在实验室中解决了这个谜团，这种螨虫能通过它们的卵巢传播病原体。换句话说，成年恙螨在它们一生唯一的一次吸血过程中感染了病原体之后，会把病原体传播给它们的后代。因为这个原因，刚出生的小恙螨就已经被感染了，于是乎它们就能够在它们的第一次也是唯一一次血食中传播疾病。

一位治疗这种疾病很在行的军医表示，他经手的那些得过洪水热的病人，余生都将和永久性的心脏损害相伴。

洪水热，又名恙虫病，能够感染野生大鼠、野鼠、小鼠、鸟类以及人类。感染了恙虫病立克次体（*Orientia tsutsugamushi*）的人通常会经历 10 天左右类似于流行性感冒的症状，包括肌肉酸疼、淋巴结肿大、发烧以及食欲不振。最后，病原体会侵入心脏、肺以及肾脏，如果不使用抗生素等其他药物治疗，抑或是治疗不及时，就可能导

致死亡。大概有三分之一没有接受治疗的病人会因为这种疾病而死。

在第二次世界大战期间，洪水热很难预防。传播疾病的螨虫生活在25~50厘米高的白茅草上，士兵们不得不在这些草中穿行。将草地和田地烧干净能够消灭这种螨虫，但在战争区域中不是什么时候都可以这样做的。而士兵的衣服也很难密封到让这种微小的螨虫进不来的程度。因为这种疾病，大量的士兵失去了战斗力。平均来说，洪水热会造成每个士兵100个战斗日的损失，与之相比疟疾只能减少14个战斗日。得了洪水热的士兵中有大约20%的人得了肺炎。一位治疗这种疾病很在行的军医表示，他经手的那些得过洪水热的病人，余生都将和永久性的心脏损害相伴。

直至今天，洪水热依旧骚扰着中国、日本、东南亚、斯里兰卡、太平洋群岛以及澳大利亚部分地区的居民。目前尚没有疫苗可供使用，到现在仍有100多万人感染这种疾病。

近亲：恙螨科下有很多微小的吸血生物，其中就有秋收螨（*Trombicula autumnalis*）。很多种螨虫的幼虫都被称作恙螨，但在美国被称作恙螨的虫子是秋收螨的幼虫，不会传播疾病。

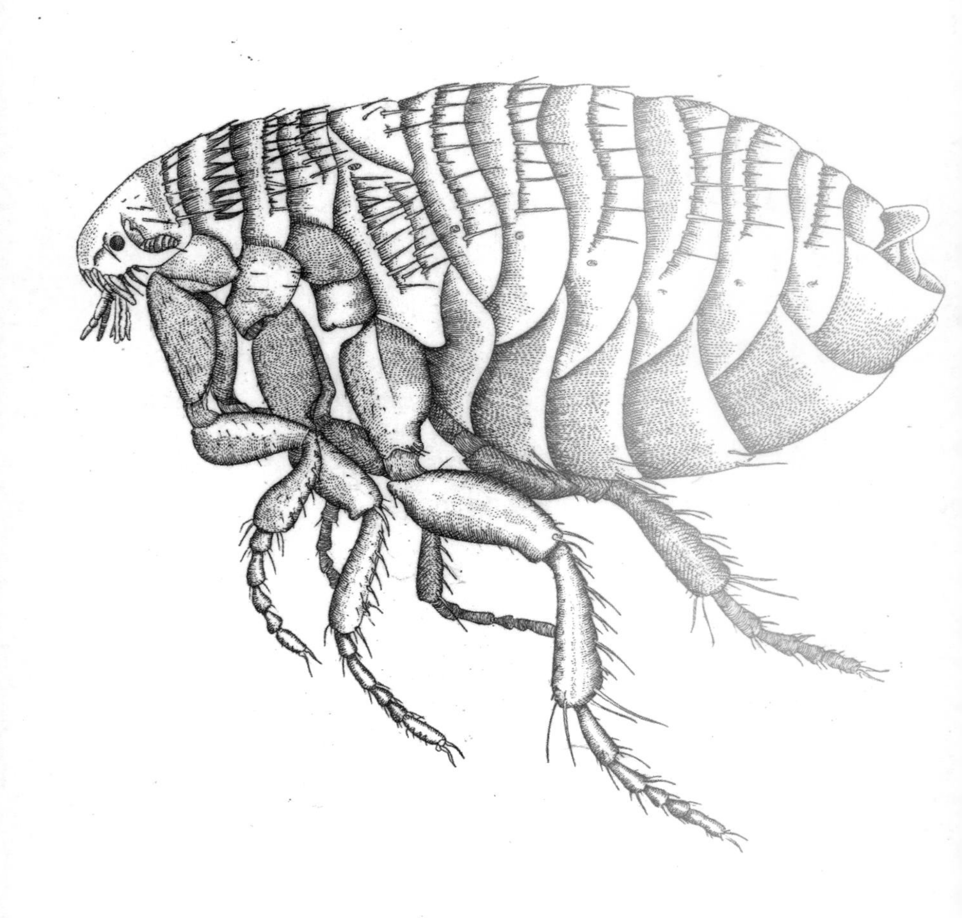

穿皮潜蚤

（*Tunga penetrans*）

大小：1毫米。

科：潜蚤科（Tungidae）。

栖息地：它们栖息在沙子当中，尤其喜欢沙漠、海滩上的温暖沙子。

分布：全世界的热带地区，包括拉丁美洲、加勒比海地区、印度和非洲。

克里斯托弗·哥伦布（Christopher Columbus）第二次向新世界进发的时候，在伊斯帕尼奥拉岛上建立了一个殖民地，而现在这个岛屿属于海地和多米尼加两个国家。相比他和他的船员所必须面临的其他问题——补给缺乏、食物短缺以及与当地土著的武装冲突——没有什么比一种微小的沙中蚤类更难对付。

弗朗西斯科·奥维多（Francisco de Oviedo）曾在哥伦布远航的30年后讨论这次旅程，他写道："来到此新印度群岛的西班牙人和其他新移民者必须忍受两种瘟疫般的疾病，它们都是此处的天然灾害。其中一种是梅毒，西班牙人在这里感染了这种病，并把它带到了世界其他地方；而另外一种则是潜蚤。"他用一种对于16世纪的博物学家来说异常精确的笔法，描述了自己观察到的这种寄生虫在人脚指甲下面钻洞和产卵的过程：“鼓起的小包有小扁豆那么大，有时候会宛若鹰嘴豆。”尽管用一根锋利的针是能够将这种蚤类给挑出来的，但是他还是记录着，“很多人失去了自己的脚，或者至少是几根脚趾……因为他们需要自己用铁或是火来治疗。”我们只能猜测，他指的是哥伦布的船员会切掉自己的脚趾，以此孤注一掷地逃避这种可怕的寄生虫。事实上，在病情的早期只需要一根消毒过的针就能够治愈这种寄生虫病，但奥维多还是写道：“到最后，西班牙人无法成功地战胜这种疾病，它比梅毒更顽固。”

哥伦布的船员会切掉自己的脚趾，以此孤注一掷地逃避这种可怕的寄生虫。

一只雌性穿皮潜蚤会撕裂其寄主的血肉，在其皮下挖洞，它们生活在这个洞中，以吮吸寄主的血液为生，直到自己鼓胀到一颗豆子的大小。它不允许寄主的伤口愈合，会在皮肤上维持一个破口供自己呼吸，并在发情的时候接纳雄性访问者。有时候，寄主能在创口的中心看到一个微小的黑点，那是这种寄生虫的臀部。雌虫在接下来的一到两周内会产下大约 100 粒卵，尽管它们注定将回到父母故乡的沙滩中，但这些卵会粘在寄主的伤口上，形成一幅骇人的图景：一大串微小的白色卵粒粘在化脓的伤口上。如果还不处理，这些卵最终会落到地上，而在此之后雌虫还会待在伤口里大约一个月才会死去，然后掉出来——在此之前，它们已经对寄主造成了可怕的伤害。

在热带海滩上不幸被穿皮潜蚤寄生了的游客，一般不会经历这种寄生虫完整的生命周期。他们会注意到自己脚上的变化，并直接去找医生。在医院里他们的伤口会被小心地清理，于是雌虫在产卵前肯定会被清掉。不过对于贫民来说，人们会带着穿皮潜蚤造成的伤害生存下去，导致长期的感染，以致产生坏疽，最终他们会失去脚趾。因为这种寄生虫会寄生在人类和其他动物身上，相比在海滩上游荡的游客，长期与啮齿动物或家畜共同生活的当地人要面临更高的风险。

一项最新的研究显示，巴西东北部的棚屋居民中有大约三分之一的人饱受穿皮潜蚤的骚扰，患上了一种名为潜蚤病的疾病。有些人脚上、手上以及胸部有100多处伤口。这种寄生虫的危害非常之大，导致一些病人无法走路，或是无法用手握住物体。他们的手指甲和脚指甲一个都不剩。研究还指出，当地的医生不会按治疗潜蚤病应有的方式对待病人，除非病人要求他们这样去做。医生似乎不可能忽略掉伤口处慢慢冒出的虫卵，但现实就是这样，这也说明这种疾病在当地有多普遍。

研究者给他们调查过的病人提供了一些治疗，包括简单的清理。每个病人都获得了一管软膏以及一双网球鞋——研究者强烈建议他们穿上鞋子。

近亲：穿皮潜蚤和其他寄生在鸟类或是哺乳动物身上的跳蚤（尤其是南美洲的一些种类）有亲缘关系。

不要害怕

昆虫学家罗伯特·科尔森（Robert Coulson）和约翰·威特（John Witter）系统地分析了人们在自然中偶遇虫子时的反应。他们发现人类在这种情况下会有5种不同的应对方式。

虫虫屠杀者：通常当这种类型的人遇到虫子时，会不由自主地杀死它们。尤其是在宿营地或是野餐桌周围发现的虫子，他们绝对不会放过。

完美叶片守护者：有些长途旅行者或是露营者只要看到叶片上或是树上有微小的虫眼儿，就会向公园管理人员举报。（鉴于大部分昆虫都是植食性的，植物上没有虫眼才值得惊奇。）

惧虫者：对于虫子的非理性极度畏惧会使部分人避免与自然环境产生任何关系。

普通人：那些明白虫子是户外生活的一部分的人知道，应当忍受这种生物的存在，于是对虫子们也就没什么反应了。

狂热环保人士：这部分人坚信杀虫剂在任何情况下都不应该使用，并认同人类要在任何情况下保护所有的虫子。

其中，“惧虫者”最为普遍。我们中的大多数人都经历过非理性的恐惧，知道这种恐惧来袭是个什么感觉：头晕眼花，手心冒汗，心跳加速，出现管状视野。极端的恐惧会带来严重的恐慌，使人浑身无力。当对虫子的恐惧来袭时，尤其是虫子出现在你没有想到的地方，或是被他人出其不意地拿到你面前时，会吓得你逃出房间，惊惧地尖叫。在最坏的情况下，这种恐惧会使人胡乱使用杀虫剂，过量的杀虫剂对人体健康造成的危害远胜于消灭虫子所带来的收益。

对虫子的恐惧还能导致交通事故，你相信吗？一个英国的保险公司曾进行了一项研究，在2008年有大约50万名英国司机因虫子（更精确地说，是因车内有只虫子而心烦意乱）遭遇了交通事故。有约3%的开车人回顾说，他们从不在驾车时打开窗户，就是因为怕有虫子飞进来。于是这个保险公司开发出了一种能保证虫子不会飞进车内的网子。

心理学家能用一种名为脱敏过程的治疗方式缓慢而谨慎地帮助人们战胜恐惧。对于惧虫者来说，可以从给他们看虫子的画像开始。在很短一段时间内，他们能够接受越来越逼真的画像，最终能够直视这种他们原来畏惧的生物的照片。而在这之后，患者能够观看放在房子另一头的瓶子中的死虫子，并逐渐向它靠近。当他们终于能够在近处毫不畏惧地观察死虫子时，就能够把活虫子放到瓶子里给他们看了。当患者最终能够容忍活虫子在桌子上爬，并能够接受大部分的昆虫、蜘蛛以及其他可怕又黏滑的生物其实没什么威胁性时，治疗就生效了。

大约有 50 万名英国司机曾因被车内的虫子搞得心烦意乱，而遭遇了交通事故。

战胜惧虫症的第一步，可能是正确地鉴别出这种恐惧的各个子集。与其说为一种恐惧症命名是一种科学的过程，不如说是一种艺术；心理学家们只正式承认了“恐惧症”有很多种类，并用这个术语来命名许多持续而不理性的恐惧。在 19 世纪，为各种特定的恐惧贴上“某恐惧症”的希腊文或拉丁文标签的尝试非常普遍，但这种做法在现代的心理学看来却非常不正规。这里有一些用来描述针对特定虫子的恐惧症的词汇。

螨虫恐惧症（Acarophobia）	害怕螨虫或者疥螨
恐蜂症（Apiphobia）	害怕蜜蜂
蜘蛛恐惧症（Arachnophobia）	害怕蜘蛛
虫咬恐惧症（Cnidophobia）	害怕虫子的叮咬
寄生虫妄想症（Delusional parasitosis）	相信自己身上存在本来没有的大量寄生虫
昆虫恐惧症（Entomophobia）	害怕昆虫
蠕虫恐惧症（Helminthophobia）	害怕大量的蠕虫
蛀木虫恐惧症（Isopterophobia）	害怕啃食木头的昆虫
蟑螂恐惧症（Katsaridaphobia）	害怕蟑螂
蝴蝶恐惧症（Lepidopterophobia）	害怕蝴蝶
蚂蚁恐惧症（Myrmecophobia）	害怕蚂蚁
寄生虫恐惧症（Parasitophobia）	害怕寄生虫
恐虱症（Pediculophobia）	害怕虱子
寄生蠕虫恐惧症（Scoleciphobia）	害怕寄生性蠕虫
胡蜂恐惧症（Spheksophobia）	害怕胡蜂

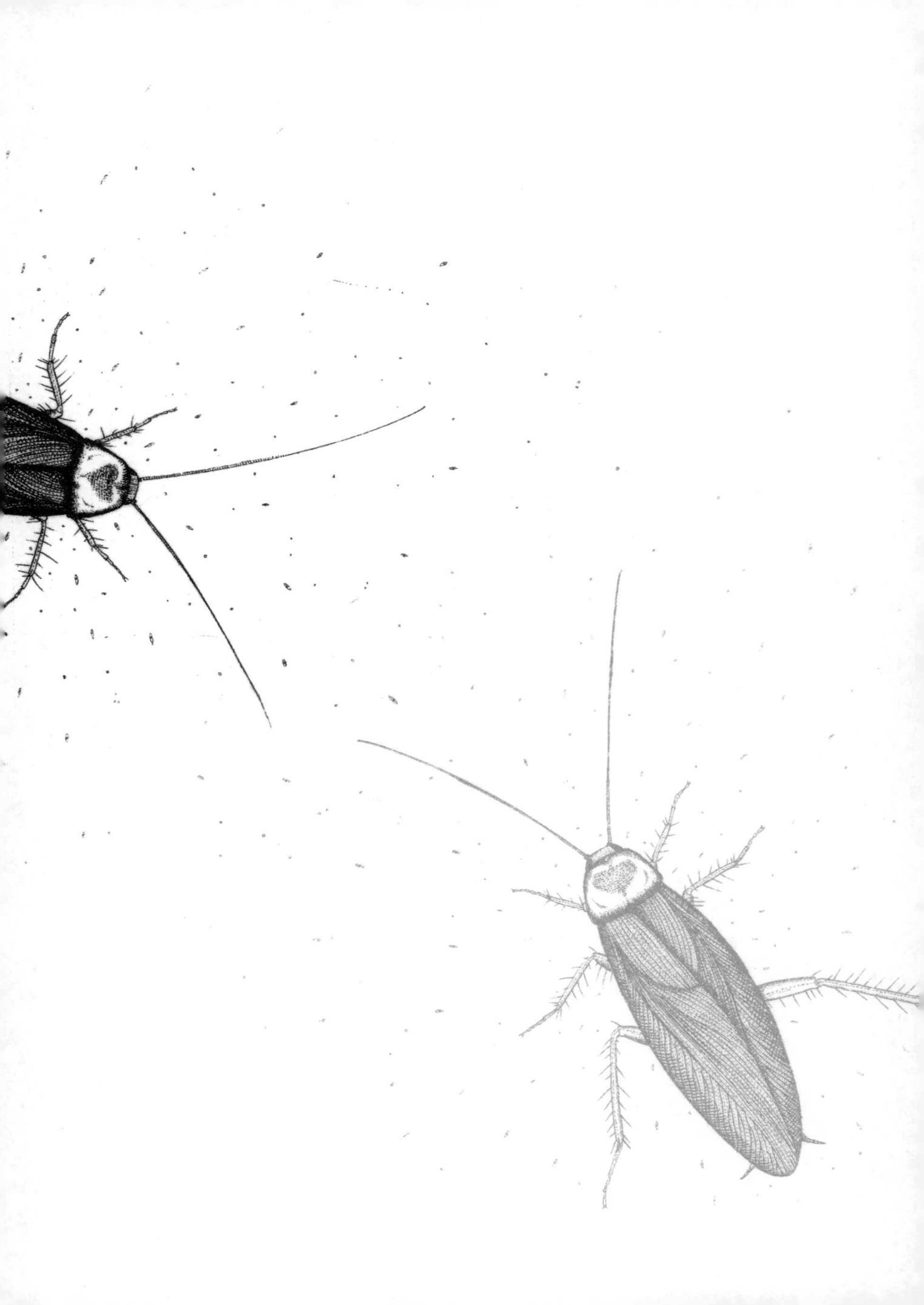

德国小蠊

（*Blattella germanica*）

大小：长可达15毫米。

科：姬蠊科（Blattellidae）。

栖息地：它们主要生活在人类生活的地区，居住在家庭或是其他室内环境里。

分布：世界性分布。

1940年，南加利福尼亚州的卡梅丽塔斯国民住宅完工后大张旗鼓地搞了一个仪式。仪式上星条旗随着乐队演奏的美国国歌缓缓升起，演讲者大声颂扬着这种“新的生活设计”。新来的住户写了篇文章宣称“山姆大叔是我的房东”。这片住宅区的设计看起来和你的房子不大一样——其中的房屋是左右相连的城市屋，每间屋子拥有一块补丁般的小草坪，相比给低收入者使用的房屋，它们更像是度假区的小平房。这个庞大的房屋集合体——一共有712套房屋——曾开启了解决经济大萧条期市民住房问题的先河。

20年后，美国公共健康部门通告了一个逐渐出现的令人不安的状况：这片区域内的甲型肝炎患者中差不多有40%住在卡梅丽塔斯国民住宅中。正好在那段时间，加利福尼亚大学洛杉矶分校（UCLA）

的一个科研小组开发出了一种相对来说更安全的新式杀虫剂。这种被他们称为“氟硅杀”的药物里含有二氧化硅粉末，能够破坏蟑螂的蜡质外皮，导致它们干燥致死。UCLA 科研小组在卡梅丽塔斯国民住宅区中试验了这种杀虫剂，获得了惊人的效果：70% 的蟑螂被干掉了。而在这之后，周围社区里的甲型肝炎患者仍在持续增多，但这种疾病在这个居民住宅区内却几乎消失了。摆脱了蟑螂的骚扰后，这片社区里的居民从一种可怕的病魔手中逃了出来。

“蟑螂是最可畏的昆虫之一，”加利福尼亚大学洛杉矶分校的 I. 巴里・塔希斯（I. Barry Tarshis）介绍道，“但有人认为这仅仅是一种偏见，只是因为人们认为它们经常和污秽之物打交道，又难以消灭，看起来还很恶心。而现在我们已经有足够的证据证明人类讨厌蟑螂并不仅仅是一种偏见。”

在这个研究之前，并没有多少证据能证明蟑螂会传播疾病。现在，公共卫生部门知道蟑螂生存在住宅中，也会出现在住宅四周——换句话说，它们会穿行于污物与人类的食物之间——这就使得它们能够传播疾病。

作为地球上最早出现的昆虫之一，蟑螂至今已经生存了3.5亿年，在人类诞生后又和人类共同生存了很长一段时间。但我必须指出，在蜚蠊目已知的大约4,000个物种中，95%完全不和人类生活在一起，它们居住在森林中、朽木下、洞穴里，藏身于沙漠中的石底，或是靠近湖泊、河流的潮湿、阴暗的环境中。

蟑螂很容易就能给自己找到一条进入房间的路。它们拥有翅膀，有些种类还能飞上一小段。它们知道落在门上，从缝隙里爬进去，或是等待门的打开，是否留在屋子里完全取决于屋内的情况。蟑螂热爱肮脏的厨房和洗手间，而它们还能利用各种管道系统、下水道、电线孔四处闲逛，这意味着它们不用出门，就能从一个房间进入另一个房间。曾有一个研究显示，美国亚利桑那州的某些强壮的蟑螂，能够利用下水道迁徙数百千米的距离进入人居。在室内，蟑螂能散发出一种恶心的霉味儿。

蟑螂是地球上最早出现的昆虫之一，至今已经生存了3.5亿年。

蟑螂是杂食性的，拥有被科学家称为“非专门化的口器”。这使得它们能够生存在人类四周，很容易就能在厨余垃圾中找到食物。倒掉的食物、垃圾以及下水道里的污物都能够吸引蟑螂，而它们甚至能够取食书上的黏合剂乃至邮票上的糨糊。它们虽然不叮咬人类，但医学昆虫学家曾发现过它们以人类的指甲、睫毛、皮肤、手脚上的老茧甚至睡着的人脸上的食物残渣为食。

每当蟑螂穿梭于人类、食物和垃圾之间时，意味着它们可能会传播多种疾病的病原体，包括：麻风分枝杆菌、伤寒杆菌、痢疾内变形虫、鼠疫杆菌、钩虫、肝炎病毒、葡萄球菌、大肠杆菌、沙门氏菌以及链球菌。当它们进食的时候，经常会从嗉囊里反刍出一点食物，留下少量上一餐吃的东西，好吃下更多新鲜的食物。它们在移动和进食的时候还会排便，从体后掉下的褐色的微小排泄物和辣椒末一样大，这都使得蟑螂能够轻易地传播疾病。

如果以上还不够糟糕，那么再加上这一条吧：一半哮喘患者对蟑螂过敏。10% 的非过敏性气喘患者也对这些讨厌鬼很敏感，这些人在最糟糕的情况下会因蟑螂出现过敏性休克。蟑螂身上的过敏原对大多数清洁措施有耐受力，开水烫、酸碱处理、紫外线灯消毒都不能去除。更奇怪的是，蟑螂过敏症能够和其他过敏症产生交叉反应，例如螃蟹、龙虾、小虾、小龙虾、尘螨以及其他虫子造成的过敏症。

但有关蟑螂最可怕的传说就是它会爬进人的耳朵中。即使是作为一个都市传奇，这也可怕得不像是真的，但事实上，德国小蠊（*Blattella germanica*）钻入人耳并在里面卡住的案例是有卷宗可查的。急救室的医生会往倒霉的患者耳朵里倒入油来淹死蟑螂，但之后还需要花上很长时间把它们取出来。有些医生会往患者耳朵里喷利多卡因（一种局部麻醉剂——译者注），这会让蟑螂感到非常不适，于是就会从耳道里爬出来逃走。

试图消灭室内的蟑螂经常会造成更多的健康问题：流行病学家发现，相比蟑螂所造成的健康问题，在室内使用更多的杀虫剂，使人体暴露在这些化学药剂中，可能会带来更大的风险。安全蟑螂诱杀饵很容易就可以买到或者是DIY出来，但最好的抵御方法莫过于把房间彻底打扫干净。最近的一项研究指出，死去蟑螂的“汁液”是种很好的驱蟑螂剂，但对于大多数的家庭来说，这根本不是可行的办法。

近亲： 世界上大约有4,000种蟑螂。美洲大蠊（*Periplaneta americana*，又称帕尔梅托臭虫）是一种大型蟑螂，遍布于美国南部以及东海岸地区。

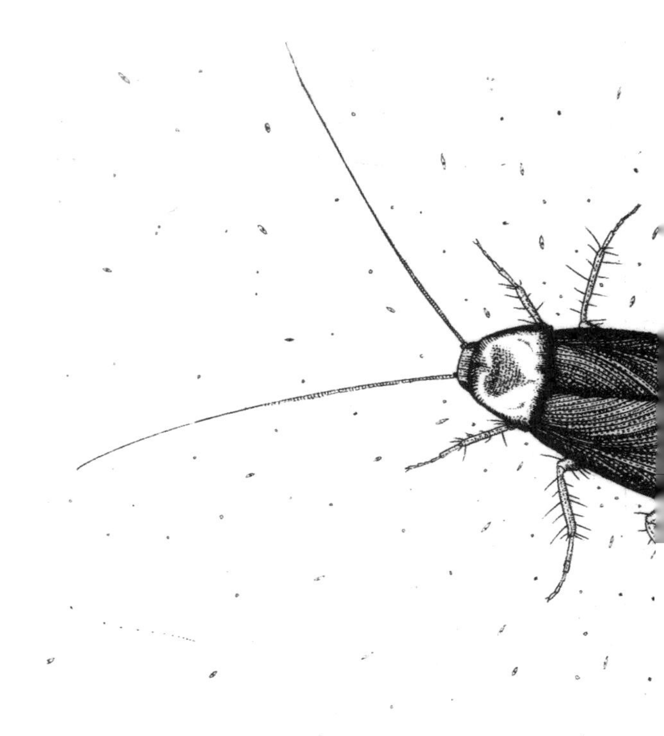

科罗拉多马铃薯叶甲

（*Leptinotarsa decemlineata*）

大小：9.5 毫米。

科：叶甲科（Chrysomelidae）。

栖息地：有大量茄科植物生长的农场、牧场和草地。

分布：北美、欧洲和亚洲。

被称作美国昆虫学之父的托马斯·赛伊（Thomas Say），曾于1820年的一次军事考察中尽可能地往西探索，抵达了落基山脉。他的工作是“用动物学的方法尽可能地观察、描述生物，为它们分门别类，这将归入我们的资料当中。必须给路过的陆地与水域中能找到的所有动物分类，并在找到它们的时候详尽记录其具体状态”。他的团队中有一位植物学家、一位地理学家、一位博物学助手以及一个画家。旅途并不轻松，团队要面对水源短缺、印第安部落的攻击、伤病以及马匹丢失与补给缺乏等困难，所以，当他看到了一种生活在茄科杂草上的长着条纹的小甲虫时仅仅作了记录，并没有意识到这是他们这次探险中最大的发现之一也就不奇怪了。

科罗拉多马铃薯叶甲（又名科罗拉多金花虫——译者注）仅仅

是赛伊一生发现的一千多种甲虫中的一种——但一开始，它不叫马铃薯叶甲。在 19 世纪中叶，也就是赛伊先生逝世之后不久，移民涌入他考察过的土地，并在那儿垦荒务农。当这种甲虫遇到了移民种植的马铃薯之后，逐渐放弃了它们本来赖以为生的黄花刺茄——马铃薯的野生亲戚——改了食谱。移民们惊恐地发现，马铃薯叶甲会迅速地剥光马铃薯植株上的叶子，吃得干干净净，毁掉一整片田地。之后，它们会吃其他的茄科植物，包括番茄、茄子甚至烟叶。

> 德国人相信，美国曾空投过这种甲虫，作为破坏农业的生物战手段。

这种甲虫迅速在美国蔓延，从内布拉斯加州、艾奥瓦州，穿越密苏里州、伊利诺伊州、密歇根州，直到宾夕法尼亚州，马铃薯叶甲攻陷这么大一片土地仅仅花了 15 年。1875 年，一本受大众欢迎的科学杂志记录道："它们使美国蒙受了巨大的损失，引起了严重的恐慌。当马铃薯叶甲成功穿越了大西洋之后，一些欧洲国家里亦出现了差不多的恐慌。"

这本杂志所言不虚。欧洲国家曾禁止进口美国的马铃薯，以防止引入这种甲虫。但到了第一次世界大战后期，希望美国马铃薯不随美国军队进入欧洲是不可能的，这也难免引入马铃薯叶甲这种农业害虫。现在，这种甲虫已经在欧洲蔓延开来，并在世界其他的许多重要农业地区建立了自己的种群。

有一些人指控美国故意散布这种害虫。第二次世界大战时德国曾有宣传海报是这样画的：有着红、白、蓝条纹的科罗拉多马铃薯叶甲就像是军队行军一样进入农田。德国人相信，美国曾空投过这种甲虫，用它们发起生物战，破坏德国的农业。他们为此专门创造了一个单词“Amikäfer”（它是由德语里的“美国”和“甲虫”组合而成）来命名这种与他们为敌的昆虫。曾有一张海报上写着“阻止马铃薯叶甲”，而其他的一些则警告大家这种邪恶的美国甲虫“对我们的收成有毁灭性的威胁”，并号召“为我们的和平而战”。

这种拥有黄、褐相间条纹的鲜艳甲虫比瓢虫略大。一只雌虫在它短暂的一生内可以产下多达3,000枚卵，在一个季节内能诞生出三代甲虫。而那些临近冬天才出生的甲虫能够轻易跨越冬季，在接下来的一年春季继续延续它们族群的生命。农夫们曾在过去的150年里用多得让人惊讶的一系列杀虫剂轰炸马铃薯叶甲，但他们发现这种昆虫迅速对化学药剂产生了抗药性。考虑到它们迅猛的繁殖力，这并不能让人吃惊。要知道在一只雌虫的3,000个后代里，总会诞生一个能够抵御杀虫剂的突变个体。并且，马铃薯叶甲以有毒的茄科植物的叶子为食，这使得它们拥有一定抵抗毒药的能力。

近亲：它们是一类通常被称作叶甲的大家族的一员，这个家族里还有黄瓜甲虫、芦笋甲虫等一系列让人畏惧的农业害虫。

园丁的大麻烦

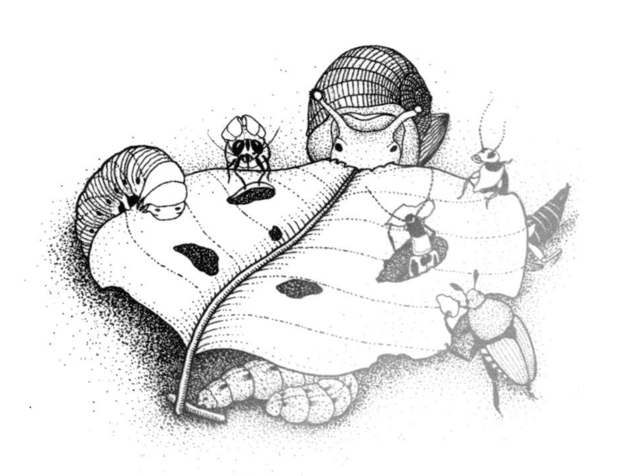

它们不会改变人类文明的进程。

它们不会散播瘟疫，也不会逼迫人们背井离乡。

它们也许从未手沾鲜血，但却看起来杀气腾腾。

它们就是些大麻烦，快把园丁折磨疯了。

蚜虫

几百只柔软的浅绿色虫子突然黏在叶子背面，一同吮吸着植物的汁液，这个场景绝对能让园丁做噩梦。蚜总科（Aphidoidea）下一共有44个已知物种，它们中的很多都专门寄生在某一种特定的植物上，这种行为我们称为专性寄生。就像是体虱或蜱虫一样，一缠上寄主，它们就开始疯狂地进食，有些种类在此过程中还会传播植物病毒。马铃薯卷叶病毒——也许是世界上分布最广、病害最严重的马铃薯病毒——就是靠蚜虫传播的。

但蚜虫最恐怖的特性可能是它们可怕的繁殖力：有些种类居然有"套代"的能力，就是说，雌性蚜虫体内的蚜虫宝宝也是个孕妇，怀着孙子辈儿的蚜虫。这种单性生殖的昆虫不需要雄性就能繁殖，在它们终于决定和雄虫约会前，可能已经靠孤雌生殖繁育了好几代了。

夹竹桃蚜虫（*Aphis nerii*）用一种特别狡猾的生存策略来保证种族的生存。它们从寄主植物上收集一种叫作强心苷的有毒物质包裹在其卵上，来抵御掠食者的侵害。

幸好，不少其他的昆虫乐于以蚜虫为食，只要有机会，多种瓢虫、寄生蜂还有其他的一些肉食昆虫，是不会放过它们的。

粉虱

没有什么会比拥有一个温室更让粉虱快乐了。这种可鄙的害虫属于粉虱科（Aleyrodidae），经常会在温室中、室内植物上出现。（在室外它们也很兴盛，但一场冬季的霜冻就能把它们全杀光。）这种有翅膀的生物体长只有 1~3 毫米。一群粉虱趴在树叶上，就像是撒上了一把灰尘。

和蚜虫一样，粉虱也吸食植物的汁液，使树叶变黄脱落。有些种类也会给寄主植物传播疾病。一株感染了粉虱的植物，只需要一瞬间就能释放出一片白色的“云朵”，这个场景绝对能让园丁悲痛欲绝。一只雌性粉虱在短短 4~6 周的生命中能产下多达 400 粒卵。为了消灭这种害虫，很多温室里会放养一种叫作丽蚜小蜂（*Encarsia formosa*）的寄生蜂，它们对人无害，却能够有力地捕猎粉虱。

蛞蝓和蜗牛

这些腹足动物无须多加介绍。每当蜗牛的黏液痕迹又穿过人行道直达菜地时，园丁们都会感到焦头烂额，因为他们已经尝试过不知道多少种奇怪又糟糕的方法来抵抗这些敌人。从往它们身上撒盐，到放置一碗啤酒作为诱杀剂，再到人工从植物上将它们抓下来扔到大街上，人们无不一一尝试过。美国的苹果蜗牛（*Cornu aspersum*，又称散大蜗牛、花园蜗牛、欧洲褐色大蜗牛）是在 19 世纪中期被当作珍馐从法国引入的，然而现在它们却反客为主，破坏起了我们的花园。

西海岸的园丁是非常幸运的，因为在反抗蜗牛入侵的战争中他们有个好盟友，这是一种叫作矛齿蜗牛（*Haplotrema vancouverense*）的肉食腹足动物。它能够捕食苹果蜗牛，并且分布广泛。我们还从欧洲引入了苹果蜗牛的另一个天敌——大断头蜗牛（*Rumina decollata*），不过园丁们更加信赖对人畜无害的硫酸铁诱杀剂。

地老虎

地老虎是若干种夜蛾科（Noctuidae）昆虫幼虫的总称。这些蠕虫常躲在地下的土壤中或藏在落叶里，牢牢地蜷缩成一个球儿，而它们的成虫有着棕色或者黄褐色的翅膀。英文中称这种生物为“切割蠕虫”（cutworms），就是因为单独一只地老虎就能在幼苗刚露头的时候将其咬断，活似一个切割机。好好的一株西红柿或灯笼椒幼苗，甚至是玉米秆，前一秒还生机勃勃，下一秒就可能被一只饥饿的地老虎给毁掉了。

甲虫、蜘蛛、蟾蜍甚至是蛇都会吃地老虎（大部分园丁都还没有疯狂到在花园中放养一堆蛇来控制地老虎的数量）。如果园丁要照顾的作物不是很多，他们会选择“地老虎箍”来保护幼苗。这个东西是用纸杯或塑料桶做的，使用的时候插入土中，再把幼苗种植在里面，能够很好地防范地老虎。

蠼螋

尽管蠼螋的腹部有个大钳子，外表非常邪恶，但实际上这种革翅目（Dermaptera）昆虫并没有看起来那么有害。不过无论是大丽花还是草莓，它们都能吃，食性很广。很多人对蠼螋的第一印象非常差。试想，当你切碎一棵洋蓟（菊科植物，可以入菜），却发现其中藏着这样一个丑陋的家伙，你肯定不会喜欢它。蠼螋有时候也会装装好“人”，捕食蚜虫，或是吞噬其他昆虫的卵。驱逐它们的方法并不难，把报纸卷或是硬纸做的纸桶用肥皂水浸湿再晾干，再将这些装置放置在花园里，蠼螋就会逃之夭夭啦。

日本丽金龟

日本丽金龟（*Popillia japonica*）在美国东部的蔓延源自 1916 年新泽西的一个苗圃里发生的意外，而如今人们一提到这个名字就满是憎恨和恐惧。这种铜绿色泛着金属光泽的甲虫能以 300 多种不同的植物为食，并且它们还能聚集成群，一同狼吞虎咽。叶子常常被它们吃得只剩叶脉，如果你不考虑损失，这样斑驳的图案倒还挺好看的。它们的幼虫会咬断草的根系，从而毁灭一整片公园、绿地或是高尔夫球场里的草坪。美国人每年都会为控制日本丽金龟和修复它们造成的损害花费 4.6 亿美元。但要控制它们又谈何容易，往往需要结合徒手消灭、释放天敌、安置陷阱以及替换不易受它们危害的植物等一系列的手段。

有一种植物进行了反击：美国农业部的科学家发现，天竺葵（*Pelargonium zonale*）能分泌一种让日本丽金龟麻痹一整天的物质——足够肉食动物干掉它了。

黄瓜叶甲

别被这些甲虫有着斑点或者条纹的可爱外表愚弄了。它们看起来有点像黄色或者绿色的变种瓢虫，但除了外表以外，它们没有哪一点与瓢虫相似。点叶甲属（*Diabrotica*）的黄瓜点叶甲与条纹叶甲属（*Acalymma*）的黄瓜条纹叶甲有着相似的食性，南瓜、西瓜、黄瓜以及玉米等菜园里最常见的植物它们都能吃，有时候它们能够传播青枯病病菌和黄瓜花叶病病毒。有些园丁会给幼嫩的作物盖上地膜以抵御黄瓜叶甲的侵袭。

番茄天蛾

与一只10厘米长的绿色毛虫打交道是个让人畏惧的任务。这些毛虫［包括番茄天蛾（*Manduca quinquemaculata*）与烟草天蛾（*Manduca sexta*）的幼虫］能够在一个月或者说一代幼虫的时间内摧毁大部分它们能碰到的茄科植物——包括番茄、茄子和烟草。一旦它们破蛹而出，你会惊叹于这种大型天蛾之美，它们看起来就像是蜂鸟一样。

番茄天蛾的成虫以花蜜为食，它们通常拜访夜间绽放的花朵。观察它们采蜜是一件非常赏心悦目的事情（有些天蛾的幼虫以树木或是灌木的叶子为食，所以想要观赏像蜂鸟一样的天蛾，并不需要忍受番茄天蛾的幼虫在你的番茄上肆虐）。因为番茄天蛾的幼虫长得实在太大，太容易被发现，园丁们会直接徒手消灭掉它们，除非看到有些个体身上黏附着一些微小的茧，这意味着寄生蜂已经代劳过了。

跳甲

这种微小的生物在受到惊扰的时候会乱跳，它们也因此得名。跳甲属于叶甲科（Chrysomelidae），它们会在叶子上蛀出一个又一个的虫眼，看起来就像是稀松的子弹孔一样。有些种类会在甜菜、西瓜以及其他作物上打洞。尽管有些农夫会利用诸如小胡萝卜一类的作物为饵对它们实施调虎离山之计，或是利用杀虫吸尘器捕杀，但大多数植物都无法幸免于跳甲的侵害。

苹果蠹蛾

因为能在苹果中打洞，苹果蠹蛾臭名昭著。它们的幼虫当然不会放过梨、桃、杏与海棠的果实，这让它们成为了最让人讨厌的果树害虫。很多鸟类和胡蜂都会以它们为食，细心地将其从果实中揪出来，但这还远远不够。每当到了这种害虫出现的季节，一些在后院里种果树的人会利用苹果蠹蛾的性信息素来诱杀它们，但如果你的邻居也种果树却不作任何防护，这只能将那些讨厌的害虫引到你的后院里来，那里将成为它们的繁殖场。

有种方法能够很有效地防治苹果蠹蛾，只是非常耗时耗力：给所有的果实都套上一个纸套（商业上称之为“日本苹果袋”）。但这就意味着，你一个夏天都得忍受一株挂满纸袋的奇怪的树。

介壳虫

这种背上有保护性蜡质外壳的蚧总科（Coccoidea）昆虫看起来很像蜱虫，它们会像蚜虫一样黏附在植物表面吮吸汁液，实在是糟糕透了。和蚜虫一样，介壳虫会分泌蜜露，这种带甜味儿的黏稠液体会促进霉菌生长，使植物更容易感染黑煤烟病。介壳虫保护性的外壳能让它们免受大部分的伤害，但只要用一把钝刀，就能轻易将其从树枝上刮下来。为了消灭它们，我们可以在冬季喷洒园艺油（一种杀虫用的矿物油），或是在花园里放养寄生蜂。

天幕毛虫

没有什么比聚集在一起的一大堆天幕毛虫更可怕了，它们会挤在一个小小的枝条上，群体外覆盖着由光滑的丝线构成的“天幕”，看起来就像是密集的蜘蛛网。天幕毛虫属（*Malacosoma*）的昆虫，能在灾年将一整棵树上的叶子吃得精光（但是在其他年份天幕毛虫却很难见到，显然它们有一个繁荣—衰败周期）。有一个家庭小秘方能够彻底消灭这种害虫：一把火点了长了虫的树枝，让那些滋生害虫的地方多烧上一会儿，绝对能带来让人满意的结果。不过考虑到安全因素，专家反对这么做，因为火可能带来的危害远比天幕毛虫多。你可以切下被它们包裹的树枝，然后碾碎它们，或者将其装入事先准备好的塑料袋中扔掉。

有一个家庭小秘方能够彻底消灭这种害虫：一把火点了长了虫的树枝，让那些滋生害虫的地方多烧上一会儿，绝对能带来让人满意的结果。不过考虑到安全因素，专家反对这么做。

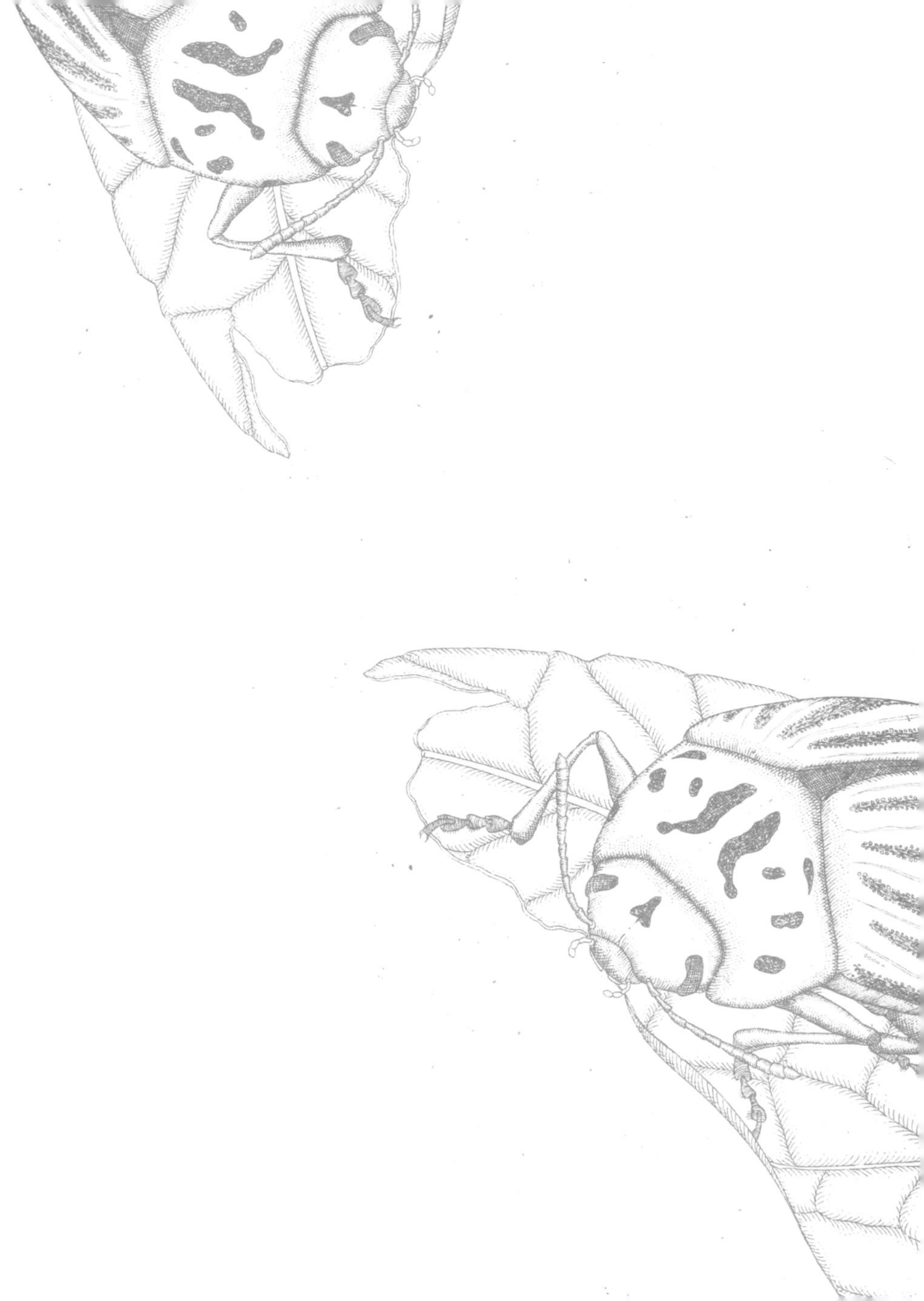

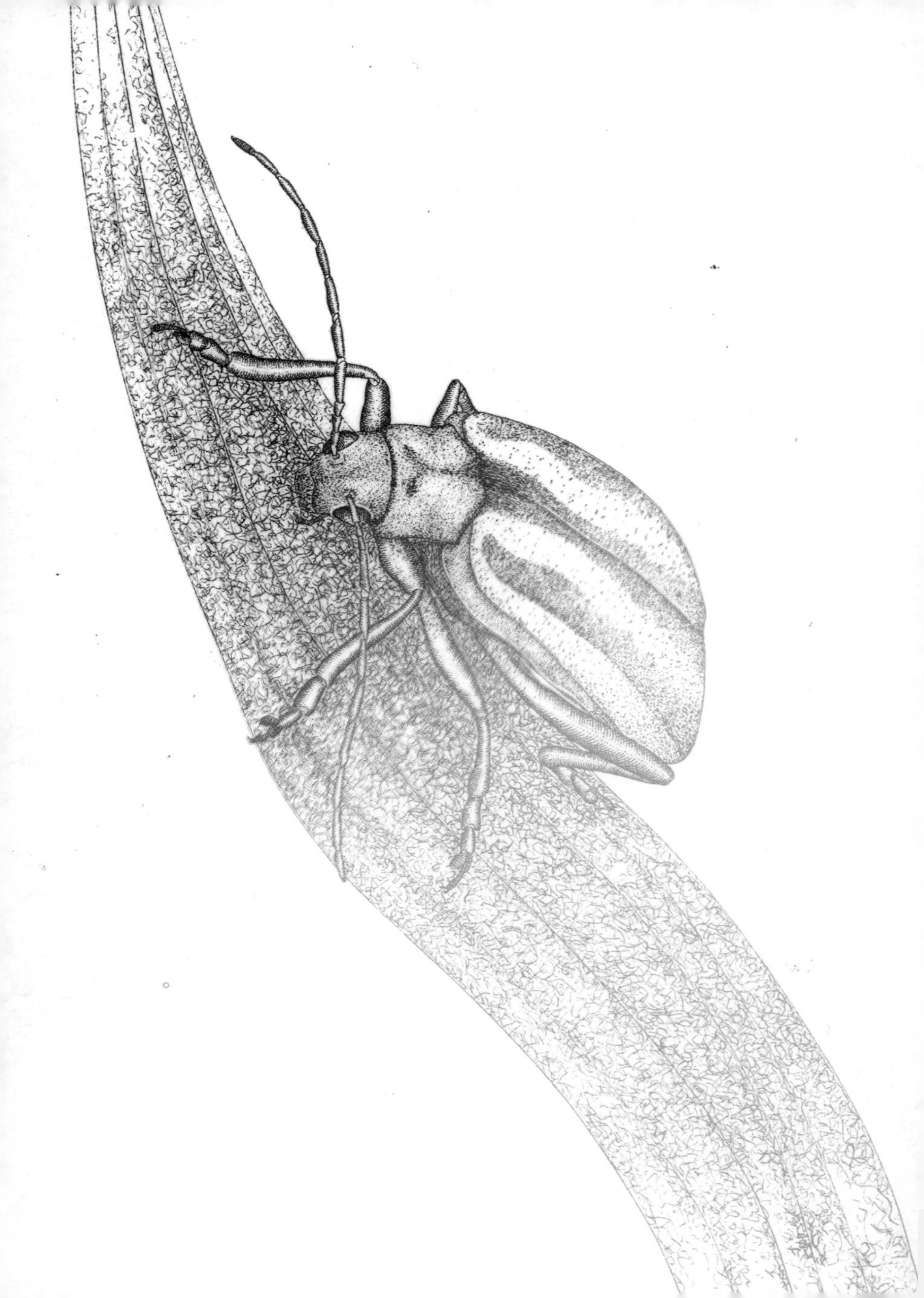

玉米根萤叶甲

（*Diabrotica virgifera virgifera*
&
D. barberi）

大小：6.5毫米。

科：叶甲科（Chrysomelidae）。

栖息地：居住在玉米田的附近，它们也能以一些野生的禾本科植物为生。

分布：墨西哥、美国和欧洲。

玉米要面对大量极具破坏性的害虫，例如欧洲玉米螟、玉米跳甲、玉米穗虫。这些害虫每年能造成数十亿美元的损失，这还没计算为了控制它们而花费的钱。但有一种害虫比其他的混蛋更狡猾，它们能用计谋打败农民，这就是玉米根萤叶甲。

正如它们的名字，玉米根萤叶甲是不比瓢虫大的小甲虫，而不是一种蠕虫。当它们还是幼虫时，居住在地下，靠吸吮玉米根部的汁液为生，此时它们的确看起来是微小的白色蠕虫；但当春季它们钻出地面之后，就是有着狭长身躯、褐色或绿色的甲虫了。

有数种玉米根萤叶甲让美国农民头疼了好多年，其中包括西方玉米根萤叶甲、北方玉米根萤叶甲。它们的故乡可能都在墨西哥，而当美国开始广泛种植玉米之后，玉米根萤叶甲也跟着进入了美国，慢慢成为这片土地上的“土著”居民。了解它们的生活史，是战胜它们的第一步。

晚夏，雌性玉米根萤叶甲会把卵产在谷物根系旁的地下。这些卵必须冬眠，以越过寒冷的冬季；而当春日的微风吹暖了土壤后，它们会破壳而出。这些微小的幼虫必须以玉米根为食才能生存。玉米是一年生植物，它们的生存策略依赖于农民每年播种。玉米根萤叶甲的幼虫会在整个夏季一直取食，直到它们在土壤中化蛹。而当玉米开花时，蛹会羽化成全身棕色的甲虫。成虫吃玉米花粉和玉米须。在死之前，它们会交配，把卵产在地下。

[北方玉米根萤叶甲演化出能智胜农民的生存策略。]

农夫们曾用杀虫剂来消灭这种昆虫，但其效果只能保持一小段时间，玉米根萤叶甲很快就能产生对化学药剂的抵抗力。经研究，轮种是打断玉米根萤叶甲生活周期的最好方式。考虑到它们的幼虫不能以其他的作物根为食，轮种大豆能够起到不错的效果。只有大豆的根部可吃，这些幼虫在化蛹或是交配之前就会死掉。这会让这片土地上接下来几年种植的玉米远离玉米根萤叶甲的伤害。

这个方法在很多年里都很有效，使得农民们可以少用农药，并且轮种大豆可以改善土壤。但在20世纪80~90年代间，一切都变了。

北方玉米根萤叶甲演化出能智胜农民的生存策略。它们的冬眠期拉长了，能够以卵的形式在土壤里蛰伏两年。它们明白农民不可能在一片土地上种上两年大豆，只要挨到第二年，可口的玉米就回来了。通过这种方法，它们战胜了曾经非常有效的轮种策略，再次成为种植玉米的农民不得不面对的重要害虫。这种策略可以被称作“滞育期延长”。

更让昆虫学家惊愕的是，西方玉米根萤叶甲演化出了一种不同的策略来应对轮种，这种策略和它们的北方亲戚发明的策略一样精巧。它们不用在种植大豆的时候蛰伏，而是适应了以这种和玉米完全不同的植物为食。现在，这种被称作“大豆变种”的西方玉米根萤叶甲已经对农民的轮种策略完全免疫了，农民必须再想另外的法子。寻找新式杀虫剂，或者从遗传上改良玉米品种使害虫不能食用，这些方法在短期内肯定是有效的。但玉米根萤叶甲已经展现出比人类的应对措施改进得更快的潜质。就像一位农业科学家所说的：“我们总得寻找新的神奇的子弹射向它们……但在农业中，害虫造成的问题永远也不会得到解决。”

近亲： 玉米根萤叶甲是一种叶甲，它们和芦笋甲虫、科罗拉多马铃薯叶甲等一系列让人畏惧的农业害虫是亲戚。

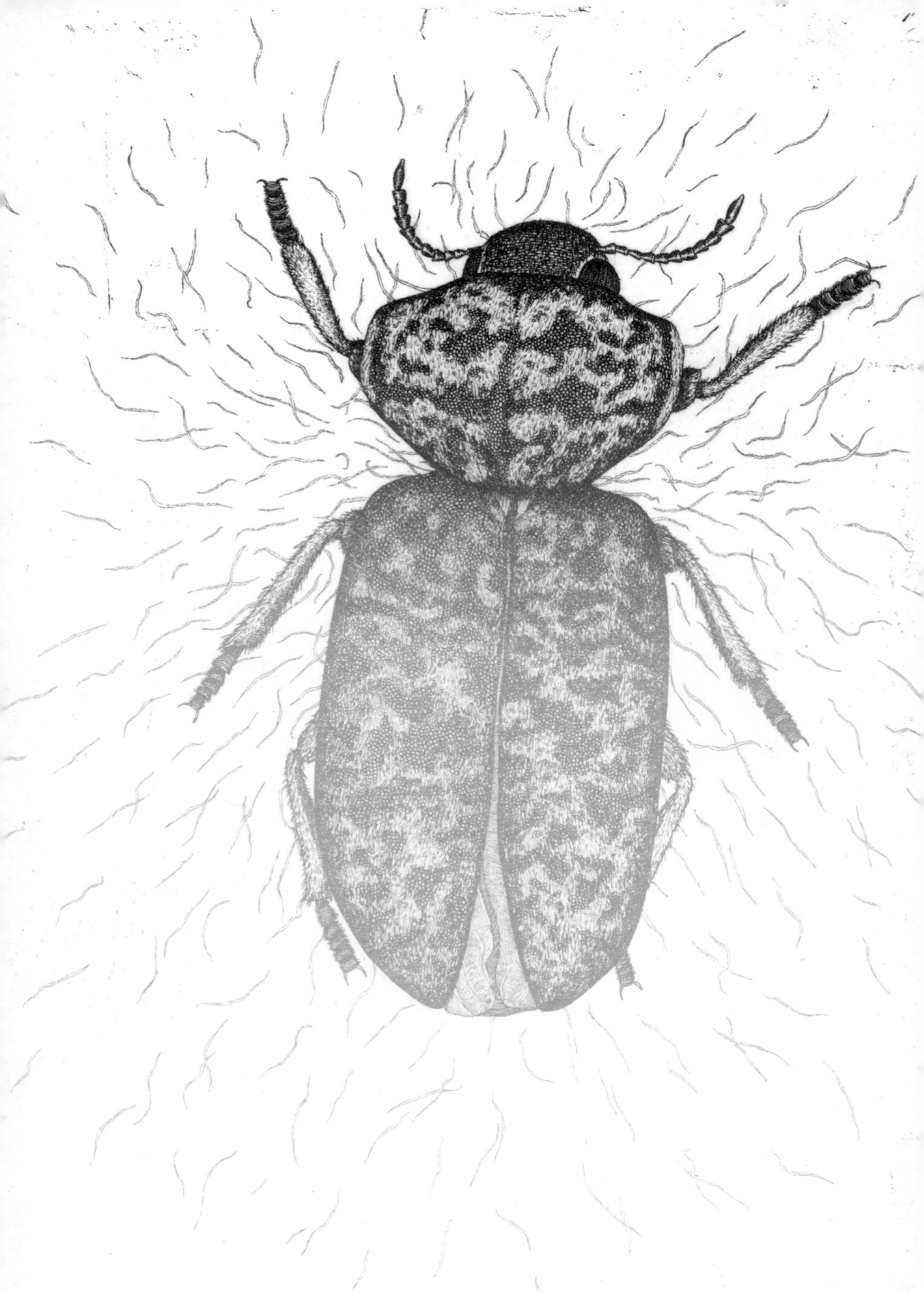

红毛窃蠹

（*Xestobium rufovillosum*）

大小：7毫米。

科：窃蠹科（Anobiidae）。

栖息地：它们居住在森林或是老房子里老朽的木头中。

分布：只生存在英国，但是它们在欧洲、北美以及大洋洲都有亲戚。

“现在，我要说在我耳边有一串儿低沉晦暗又迅速的声响，就像是被棉花包裹的钟表发出的声音。我对它们都很熟悉。这是老人心脏跳动的声响。”

上面这几句话出自爱伦·坡（Allan Poe）的恐怖小说《泄密的心》（*The Tell-Tale Heart*）中的疯子之口。疯子描述了其受害者的呻吟，也描述了夜晚死神来临时的脚步声。究竟是什么声音吸引了老人——以及谋杀犯——并划破了夜晚的宁静？“他还端坐在床边聆听，正如我所做的，一夜接着一夜，倾听墙中死神的脚步声。”

爱伦·坡笔下的“墙中死神”是一种名为红毛窃蠹的甲虫。它们生存在老建筑的木椽之中，安静地大嚼朽木。它们会用自己的脑袋轻叩木头，发出一串轻柔的嘀嗒声，以此吸引伴侣。

弗朗西斯·格罗斯（Francis Grose），在他 1790 年写的《地方性词汇，兼收集地区性格言以及大众迷信》（*A Provincial Glossary; with a Collection of Local Proverbs, and Popular Superstitions*）中，将这种甲虫放到了“死亡的预兆”列表下。这个列表囊括了诸如狗的嚎叫、棺材形状的煤疙瘩、洗礼的水洒在婴儿脸上时婴儿没有哭等“预兆”。这种甲虫是这样一个征兆：“在房子中听到红毛窃蠹发出的嘀嗒声，预示着死亡。”

“接着床头的墙里有一只窃蠹发出一阵嘀嗒声，这声音吓得汤姆心惊肉跳——这意味着某个人的日子不多了。”

这就是古老的迷信。正如马克·吐温（Mark Twain）的《汤姆·索亚历险记》（*The Adventures of Tom Sawyer*）里所写的：“在那一片寂静中，有一串几乎听不出来的动静渐渐变大。钟摆开始嘀嗒嘀嗒作响。老屋的梁柱也发出神秘的爆裂声。楼梯微弱地吱吱嘎嘎作响。显然是鬼怪们在四处活动。波莉姨妈的卧室里传来一阵缓慢、沉闷又有节奏的鼾声。这时一只蟋蟀开始发出一阵令人生厌的叫声，而人们却根本弄不清楚它在什么地方。接着床头的墙里有一只窃蠹发出一阵嘀嗒声，这声音吓得汤姆心惊肉跳——这意味着某个人的日子不多了。”

不过，窃蠹病态的歌声并非是它身上最坏的特质。这种有着暗淡的灰褐色外表的甲虫会钻入潮湿的木头，制造出微小的进口和出口，并在木头洞中填满粉状的残渣。它们更喜欢已经被真菌侵染的硬木横梁，这也解释了英国的那些宏伟的橡木建筑为何对它们那么有吸引力。人类也能在书本或是沉重的古董家具里找到红毛窃蠹。在最适合生存的环境中，它们可以活上 5~7 年。这种虫子对大教堂或是图书馆的危害，不亚于它们对失眠患者造成的伤害。

一位昆虫学家曾在 1861 年给《哈珀杂志》（*Harper's magazine*）写过一篇文章，很好地描述了她到英国拜访一位好友时的遭遇。“没想到在英国的第一晚我就要疯了，”她写道，“卧室的墙就像是纸糊的，它们敲击墙面，像一千只钟表——嘀嗒、嘀嗒、嘀嗒……但到了最后，久违的清晨终于降临了，而在这之前我已经在图书馆了；甚至是这里的书中，书架一层叠着一层，也喧闹地传出嘀嗒、嘀嗒、嘀嗒……这个房子是个巨大的挂钟，从早到晚回响着一千个钟摆的声音。我尽量不让我的极度不适影响别人。我对自己说，既然英国人都能忍受，那我也可以。几天之后我终于适应了这种可怕的声音，虽然这嘀嗒声依旧存在。”

近亲： 烟草甲（*Lasioderma serricorne*）、药材甲（*Stegobium paniceum*）以及其他一些钻蛀家具、书本、谷物的甲虫和红毛窃蠹有亲缘关系。

书　虫

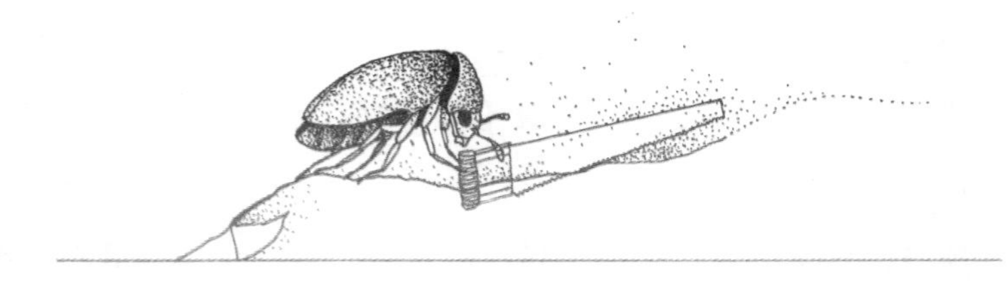

穿过一页又一页的灵思

汝等书蛆，咬出自己的小路

哦！但为何如此尊崇那高贵的品味

却留下金色的封皮

这首名为《书虫》（“The Bookworms”）的诗，是罗伯特•彭斯（Robert Burns）写的。但实际上，不存在吃书的蠕虫。即使是在潮湿发霉的图书馆里，书中的纸张对于那些潮湿的蠕虫来说也太干了。会对书架上具有惊人的营养物质产生兴趣的虫子包括虱子、甲虫、蛾子、蟑螂等物种，正是这些食腐动物对书本伤害最大。

一本书能成为多么壮丽的一间自助餐厅！由白纸到印刷再将它们装订在一起，一本书中富含各种天然的配料：纸张可能来自棉花、大米、棕榈或是木浆；封皮由动物皮、木头甚至丝绸制成；将这些材料粘在一起的黏合剂是糨糊，同样能被虫子利用。而一些罕见的古老文献是写在上等犊皮纸上的——一种由动物皮制成的高档书写用纸——这对腐食或食尸的虫子来说是如此诱人。

多年来，人们为了抵御虫子对书籍的啃噬，尝试过用一些有毒物质处理书本。人类用过的毒药包括：木杂酚油、雪松油、柑橘叶、氢氰酸气体（曾被纳粹用在集中营里）、石炭酸（曾在纳粹集中营中作为防腐液使用）、氯化汞，以及剧毒的汞化物。现在，有些图书馆会在特制的冰库里储藏他们珍贵的收藏品，如此储藏，一来可以完全消除书虫的危害，二来书本上不会有用来消毒的化学物质残留。

但希腊讽刺作家萨摩萨塔的卢西恩（Lucian）给出了最好的建议。生活在约公元 160 年的他尖锐地批评了那些“愚蠢的书籍收集者”，他认为那些以炫耀财富为目的，而不是为了获得知识而收集的书本，活该被虫蛀。“他们还做了啥？不就是为老鼠买来食物，为书虫购得住所。”生活在 15、16 世纪的荷兰人文主义学者德西德里乌斯•伊

拉斯谟（Desiderius Erasmus）也在自己的著作中表达了类似的思想：“书本，为了不被虫蛀，必须经常拿出来读。”

书虱

包括尘虱（*Trogium pulsatorium*）及其他

书虱，经常要背上损害书本的骂名。它的名字具有欺骗性——真正的虱子会吸温血动物的血液，而不吃书本——实际上书虱并不会吃纸。这种苍白而又难以看见的昆虫会以缺乏保养的图书馆里生长的霉菌或是真菌为食。当它们进食的时候，纸张的确会附带着受到一些伤害。但大量书虱的出现，其实是书本保管不善开始发霉朽烂的后果而不是原因。

皮蠹

火腿皮蠹（*Dermestes lardarius*）及其他

火腿皮蠹和它同科的亲戚们都被称作皮蠹。它们是腐食性的，能够用牙齿咬破干缩的兽皮，或是闯进储藏室偷吃火腿、咸猪肉或其他的烟熏肉食。在博物馆中，它们能造成数不清的损害，例如：把辛苦收集的昆虫弄得支离破碎，在野牛皮上钻洞，搞坏展览的鸟类标本。但有些研究者发现，这种昆虫也是可以利用的。火腿皮蠹的表亲，白腹皮蠹（*Dermestes vulpinus*），能够在博物馆中派上大用场，它们能把动物尸体上的肉吃得干干净净，于是剩下的骨头处理处理就能展出。芝加哥自然博物馆的一个研究员曾非常高兴地报告说，一群饥饿的白腹皮蠹能在大约几个小时内把一具小鼠尸体吃得只剩白骨，而处理好一具浣熊尸体也只需要大约一个礼拜的时间。他说："我们提供给它们一顿免费的大餐，而它们还给我们一具干干净净的白骨。"

在图书馆中，这些食肉昆虫会咬破书籍的皮革封面，在书脊中产卵，甚至咬穿在书架上放在一起的两本皮革包边的书。幼虫在卵中大约待上 6 天就会破壳而出，之后它们会在书里打洞，制造出一个安全而又宁静的避风港湾以供化蛹所用。它们钻蛀出的通道就像蛀洞一般，这能够解释"书虫"这个词的来源。

衣鱼

Lepisma saccharina

17 世纪的英国博物学家罗伯特·虎克（Robert Hooke）曾因衣鱼会毁坏古物，而将其称为"时光的牙齿"。他是如此描述这种身长 2.5 厘米、看起来油腻腻的无翅昆虫的："非常熟悉书本和纸张中的环境，会在书的内页与封皮间钻蛀侵蚀。"实际上，衣鱼以碳水化合物为食，也就是那些能把纸张、布料黏合起来的胶水中的糖与淀粉。它们也很喜欢洗发水、肥皂以及剃须膏的味道，这就是它们经常造访浴室的原因。

药材甲

Stegobium paniceum

昆虫学家称药材甲是“世界性物种”，因为它们分布广泛并且食性超广：这种甲虫享受书本、皮革以及古董家具的味道，也不会错过巧克力、香料和药物，甚至连鸦片它们也不会拒绝。它们身披淡红色铠甲，不比一只跳蚤大。这种饱受非议的昆虫是藏有珍品的图书室、博物馆以及药房的大敌。美国南加利福尼亚州的亨廷顿图书馆曾饱受其害，被迫把一卡车的书放进真空消毒室，用上了环氧乙烷和二氧化碳的混合气体才把药材甲小如尘埃的卵给全部杀死。

拟蝎

Chelifer cancroides

大约在公元前 343 年，亚里士多德（Aristotle）在他著名的《动物志》（*Historia Animalium*）中写道：“在书本中也能发现其他的一些动物，它们有些像生活在衣服上的蛆，有些像没有尾巴的蝎子，但非常小。”他提到的生物很可能是拟蝎（拟蝎在英语中通常被称作书蝎——译者注），它是一种微小的蛛形纲动物，并非是真的蝎子，但却有一双看起来非常凶猛的钳子，使它们有类似于蝎子或是龙虾的外表。这种生物仅仅有约 0.6 厘米长，但在书页之间看到这样一只虫子，绝对能把人吓一大跳。实际上，它们以书虱、蛾子幼虫、

甲虫以及其他会对图书馆藏品造成更大危害的虫子为食。

条斑窃蠹
Anobium punctatum

任何伤害书架的生物也是书本的敌人。条斑窃蠹这种蛀木甲虫的幼虫会造成很大的破坏，在成虫期反而很安生。在室外，其幼虫只能生存一季。但在提供了宁静而又适宜的生存环境的图书馆中，它们却能舒适地保持幼虫状态23年。条斑窃蠹的幼虫在书架中钻蛀，大口嚼着木头，偶尔也会抽空跑到书里搜索硬纸板或是木板换换胃口。等它们用图书爱好者的收藏品把自己喂得足够肥时，就会自己“建造”一个房间，在其中化蛹。6 周后，一只全身棕色的成虫就会羽化而出——约 0.6 厘米长，但已做好交配、产卵以及延续种群的生命循环的准备。以色列的“国家与大学图书馆”曾于 2004 年在他们的馆藏中发现了这种甲虫，但幸好，他们珍藏的阿尔伯特·爱因斯坦（Albert Einstein）的信件与论文没有受到伤害。

书本，为了不被虫蛀，必须经常拿出来读。

肩突硬蜱

（*Ixodes scapulans*）

大小：2毫米（若虫较小，大概有一片辣椒末那么大）。

科：硬蜱科（Ixodoidea）。

栖息地：森林。

分布：肩突硬蜱分布在美国东海岸，南可到佛罗里达州，西可至明尼苏达州、艾奥瓦州以及得克萨斯州。它的近亲太平洋硬蜱（*Ixodes pacificus*）则被发现于华盛顿州、俄勒冈州、加利福尼亚州以及与之相邻的有限的几个州里。

波莉·默里（Polly Murray）知道，她的家庭中有什么东西很不对头。自从20世纪50年代末她第一次怀孕开始，默里就深受一种奇怪又难以名状的症状所折磨：躯体四处疼痛，疲乏无力，身上出现奇怪的丘疹，头痛，关节痛，发烧——这个单子可以列得很长，每个为其诊断的医生都惊讶于她身上的症状是如此之复杂，并因此困惑不解。多年来她的丈夫和三个孩子身上也出现了类似的症状。看起来，屋子里的每个人都该使用抗生素治疗，躺在床上以缓解关节疼痛，或是等待新的检验报告。

她的家乡——美国康涅狄格州莱姆镇——的医生完全找不到病因。经检测，这个家庭并没有患上狼疮或是季节性的过敏。从临床角度上看，症状和疾病完全对不上号。少数医生推荐精神疗法，其他的一些大夫给他们开了青霉素或是阿司匹林。医生们做不了更多的事了。

> 尽管默里家乡的领袖们并不希望用自己城镇的名字命名这种糟糕的疾病，但科学家们依旧将其正式命名为莱姆病。

但到了 1975 年，事情发生了转机。若干个邻居也有了相同的症状，而当地的一些孩子身上出现一种极端罕见的幼年型风湿性关节炎。了解这一情况后，默里和一位州卫生部门的流行病学专家见了面。专家作了记录，但一时也找不到解决之法。

一个月之后，她遇到了一位名叫艾伦·斯蒂尔（Allen Steere）的年轻医生。斯蒂尔曾在亚特兰大的疾病控制中心工作过一小段时间，在那里他读了博士后。康涅狄格州的流行病学专家被召唤过来向他描

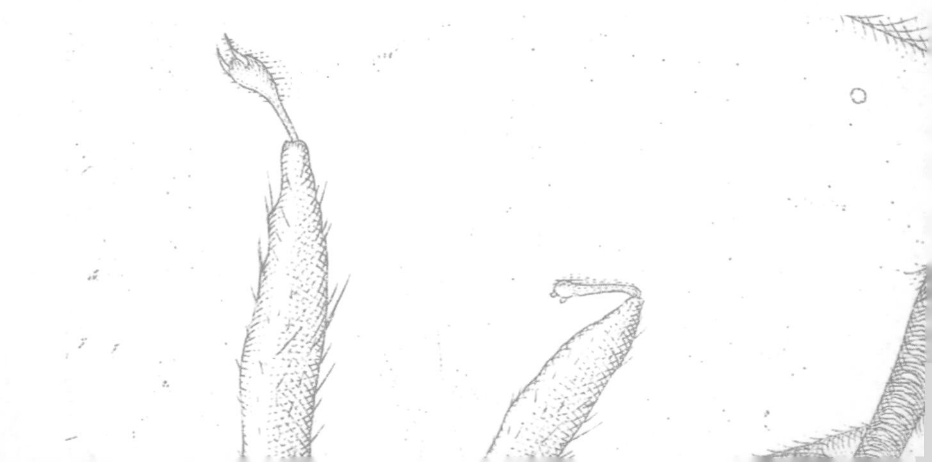

述了莱姆集中出现的幼年型风湿性关节炎的情况。斯蒂尔详细而完整地听取了默里的故事，开始一项新的调查，从而发现了一种人类所不知道的蜱传播疾病。尽管默里家乡的领袖们并不希望用自己城镇的名字命名这种糟糕的疾病，但科学家们依旧将其正式命名为莱姆病。

肩突硬蜱必须要为美国中大部分莱姆病案例负责，它们的俗名是鹿蜱或黑腿蜱，生存在人口众多的美国东海岸。肩突硬蜱的生活周期非常奇妙，要换 3 个不同种类的寄主才能成年，而这一过程使它们能够传播疾病。秋天，它们的幼虫破壳而出，要寄生在小鼠、大鼠或是鸟类身上。它们在覆盖着森林地面的杂物中越冬，到了春天它们蜕皮成为若虫，再次取食——这次目标是小型啮齿动物或人类。到了夏天快结束的时候，若虫蜕皮成为成虫，会选择大型动物为寄主，它们最偏爱的是鹿，直到这一年结束，它们生命也会终结。

这些蜱虫有时候会携带莱姆病的病原菌，一种名为伯氏包柔氏螺旋体（*Borrelia burgdorferi*）的细菌。这种病原体会随着肩突硬蜱的第一次吸血进入它们的身体。在这以后，它们每次吸血都有传播

莱姆病的能力。尽管俗名“鹿蜱”，鹿本身并不会感染莱姆病。但鹿会帮助肩突硬蜱扩散，使蜱虫的群体更容易接触到人类。生存在蜱虫出没地区的人们知道在身上寻找被称作“游走性红斑”的牛眼状疹子。在被肩突硬蜱传染莱姆病后的首个月内，伤口四周就可能出现这种症状。

莱姆病并非什么新鲜的疾病。早在公元前1550年，就有医学著作中提到过“蜱虫热”，这种病与19世纪寻常可见的莱姆病有类似的症状，欧洲的医生也曾做过调查。［在欧洲，这种疾病是由蓖麻硬蜱（*Ixodes ricinus*）传播的，这种虫子和蓖麻有毒的种子长得很像，因此得名。］事实上，莱姆镇的内科医生们曾回忆起在20世纪20年代到30年代就接手过有莱姆病症状的病人。时至今日，莱姆病已经成为在美国报道最频繁的媒介传播疾病，每年大约会出现25,000~30,000个新感染者。

近亲： 全世界大约有900种蜱虫。

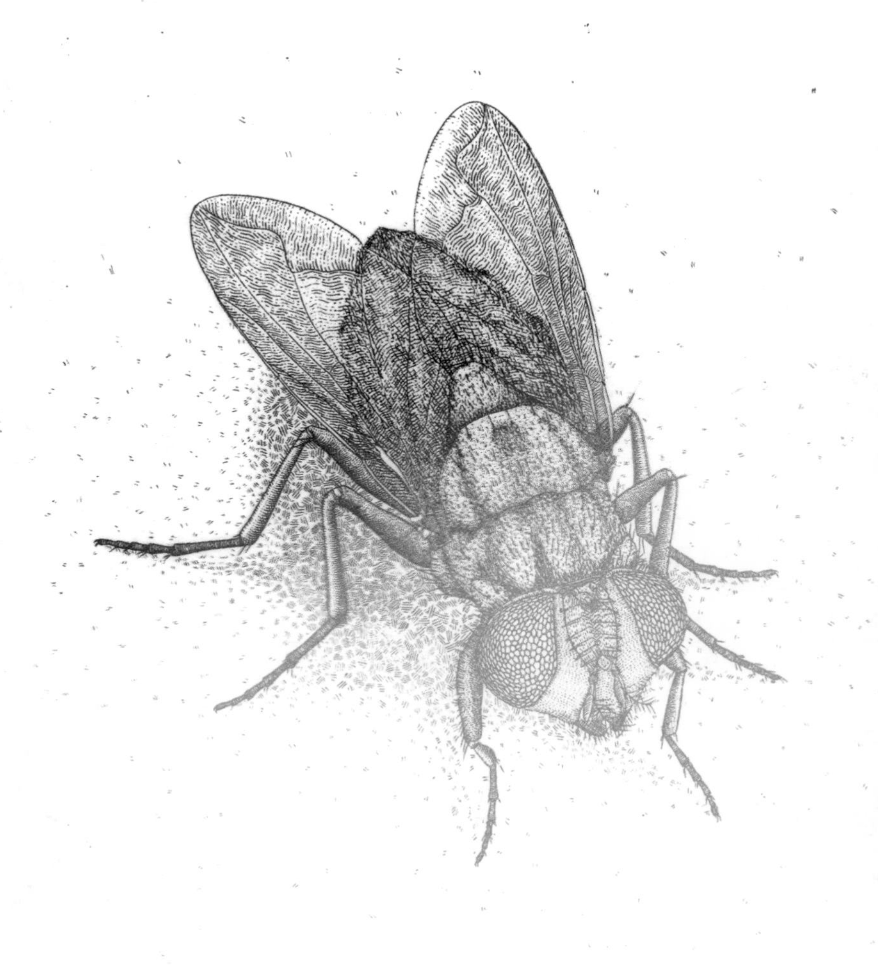

市　蝇

（*Musca sorbens*）

大小：6~8毫米。

科：蝇科（Muscidae）。

栖息地：富有腐烂有机物的地方。下水道口里污物、垃圾、死去的动物以及其他的一些废弃物都会吸引它们。

分布：世界性分布，在气候温暖的地方尤其常见。多出现在居民区当中。

当地人都知道，兰德尔岛是纽约东河边的一片开办体育赛事的绿洲，在那里有视野开阔的自行车道和人行小径，可看到整个城市的壮丽景色。在夏天，世界少年棒球联盟的一些比赛在此举办，不少奥林匹克运动员们会在此训练，而一些摇滚乐队也会在此举行一些露天表演。哈莱姆区和布朗克斯区的孩子们能够很方便地从103号大道进入这个岛上，进行体育锻炼。

但这个小岛并非一开始就是这样一个适合儿童玩耍的地方。这个地方曾在1854~1934年充当过少年犯的“避难所”。被拘留的少年儿童会在此劳动，制作裙子、鞋子、板凳、漏勺或是捕鼠夹。而女孩们需要做饭，打扫卫生，洗衣服，为所有的囚犯制作囚服。他们每天只有半个小时到一个小时的时间来学习。若某个孩子犯了什么错，可能会被处以饿肚子、单独监禁、殴打等处罚。尽管孩子们应该被关在小牢房里，但是这里的管理者从 1860 年后就认为让他们一起睡在大房间里的小吊床上更好，因为监视能够避免“独居的不道德”。

那时的孩子们当然不会喜欢岛上的待遇。他们爆发了，要用暴力推翻教职员的管教，并试图跳入东河，游泳逃走。在 1897 年形势尤为恶劣，一份检查报告显示，岛上的污水管道系统散发出“让人不快的气味”，人群里暴发了沙眼这种让人极其讨厌的眼部流行病。据不完全统计，每年大约有 10% 的囚犯会感染上这种疾病。当时，人们并不清楚沙眼的暴发和卫生条件之间的关系——但现在不同了。

沙眼在美国曾是一种常见疾病。那些试图穿越埃利斯岛的移民有很多都感染了这种疾病。现在，在富有的国家中很难再发现这种疾病了。但是在那些极端贫困的国家和地区、难民营以及监狱中，沙眼依旧很常见。

这种疾病是细菌造成的，其病原菌名为沙眼衣原体（*Chlamydia trachomatis*）。它会引发上眼睑的炎症，反复造成内眼皮红肿，形成突出型增生，出现瘢痕。而当病情发展到非常严重的地步时，人的睫毛甚至会戳进眼睛当中。这是一种被称作“倒睫症”的症状，带来难以置信的痛苦，造成眼角膜损伤以及视力衰退。如果此时病人还没有得到治疗，就可能瞎掉。

现在，依旧有 8,400 万人感染了这种疾病，其中有 800 万人因为它失去了视力。目前沙眼多见于南美洲的中部地区、非洲、亚洲以及澳洲的部分地区。尽管抗生素能够治愈这种疾病，角膜移植也能为角膜损伤的人带来希望，但对于贫穷的国家和地区来说，这都是可望而不可即的。这种疾病给妇女带来的危害尤其大，她们常会被害得无法烧火做饭，或是出门工作。于是，这些可怜的妇女必须得由她们家的孩子来照顾——通常是女孩——这些孩子必须待在家帮忙，而无法去上学。在某些案例中，一些妇女还因此被她们的丈夫抛弃。

尽管亲密接触尤其是母子间的接触也能传播这种疾病，但是卫生部门指出，它主要是由市蝇传播的。因为喜好在公共厕所、垃圾、粪堆边集群飞舞，它们在西方获得了一个区别于一般家蝇的名字——秽蝇。而市蝇多毛的腿以及喜好走来走去的习性，使其更容易传播细菌。

越南战争时曾有士兵报告说，食堂里的市蝇群实在是太密集了，进餐时想不吃到几只都很困难。

建设洗手池这样的基础卫生设施，让人们养成类似于用干净的布擦脸这样的卫生习惯，能够阻止沙眼的传播。但想要消灭市蝇，却需要打一场更大的仗。在那些有开放的公共厕所以及垃圾堆的地方，这种苍蝇实在是太多了，在那些地方待着的人们会很快放弃用手驱赶，任凭这些肮脏的生物在自己的鼻子、嘴巴、眼睛上爬行。越南战争时曾有士兵报告说，食堂里的市蝇群实在是太密集了，进餐时想不吃到几只都很困难。

解决这个问题的唯一方法是改变公共厕所的设计，得想办法让市蝇进不去。一种名为通风改良坑式公厕（ventilated improved pit latrine，VIP）的设计，看起来是防范市蝇效果最好的设计方式之一。它的特征是有一根被纱网罩住开口的通气管，保证苍蝇们进不来。而通风口能捕捉气流，保证空气的流通，清除异味。吉米·卡特（Jimmy Carter，美国政客，第39任美国总统——译者注）基金会的一位发言人最近表示，他们将出资在埃塞俄比亚建1万个VIP，不过住在该国乡村的居民深深地迷上了这种厕所，于是自己建了9万个。该发言人回顾了卡特的童年，说："埃塞俄比亚原来的公共卫生间看起来就像是美国佐治亚州人50年前用的那种户外厕所。"

近亲： 市蝇属于蝇科，被人们讨厌的家蝇（*Musca domestica*）和厩螫蝇（*Stomoxys calcitrans*）都是这个家族的成员。

我的皮下有你

即使是最讨厌虫子的人，也能被他人说服，理解甲虫、蜘蛛、蚂蚁或是蜈蚣的价值。这些虫子对人来说都有用处，它们拥有有趣的习性，拥有独特、怪异或是错综复杂的美。但是，没有人喜欢蛆虫。甚至只是说一说这个名字，就能引发反感或是战栗。

白色的蛆虫只不过是蝇类的宝宝，并不比其他昆虫的幼虫多一分或是少一分怪诞。它们经常紧紧围绕在它们的母亲为它们找到的食物源旁边，就像所有的孩子该做的那样，它们除了吃和成长，什么也不做。它们还能做出比这更讨厌的事情吗？

当然做得出，没有什么比在蛆虫的菜谱里发现我们自己的名字更让人讨厌的了。

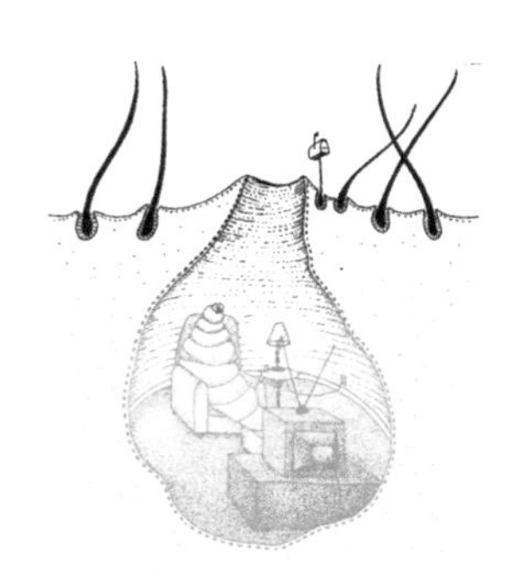

人肤皮蝇

Dermatobia hominis

从墨西哥或是中美洲其他地区归来的旅行者，有时不仅仅是晒黑了而已。人肤皮蝇会搭旅行者的便车，只有当旅行者感觉身上某处出现一种类似于永不停止的虫咬感时才会发现身上有不速之客。

人肤皮蝇依靠一种独特的策略进入人类的皮下。它能够在人的皮肤正好有伤时捡个便宜。但更巧妙的做法是俘虏一只蚊子，在蚊子身上产卵，然后再将其放生，任由它们去找温血的人类，利用它们来传播自己的后代。当蚊子接触人类寄主时，它们身上的人肤皮蝇卵会落到人的腿上或是手上，甚至因感受到寄主身上的热度，在这个当口儿孵化。当幼虫破壳之后，它们会顺着蚊子刚制造出的伤口进入人的皮肤。如果没有可用的蚊子，人肤皮蝇也乐于用虱子作替代品。

如果未被打搅，它们会在人的皮下待上 2~3 个月，直到自己钻出来，落到地上化蛹。但是面对无法愈合的伤口，以及在皮下钻来钻去的不适感,大多数人可不会毫无反应。这种伤口可能很疼且很痒，会渗出难闻的液体，有些人甚至能听到皮下蛆虫运动的声音。但万幸的是，人肤皮蝇的幼虫自己会分泌出一种抗菌物质，所以它们造成的伤口不常感染。

把人肤皮蝇的幼虫取出来并不是那么容易的，这取决于它们寄生的部位，以及寄主的身体状况。医生会让某些人回家，等着虫子自己出来，但除非是对这种昆虫极端好奇的人，谁也无法忍受这种等待。有些人尝试把皮肤下的虫子给闷死，他们用胶带、指甲油或是凡士林覆盖伤口，希望这可以让虫子变得虚弱，这样就更容易挤出来了。医生们可以用一种名为“毒液吸取器”的简单工具将虫子给抽出来，但如果能保证将整只虫子都取出，外科手术钳也是可以的。在家也有种简单的处理方法，就是在伤口上覆盖一块没有烹饪过的咸猪肉，有个说法是，相比人类新鲜的血肉，蛆虫更喜欢咸猪肉，这种食物能够诱使它们自发地爬出来。

任何学名里带“hominivorax”这个词——意思是“食人的”——的生物，都应该被消灭。

嗜人锥蝇

Cochliomyia hominivorax

任何学名里带“hominivorax”这个词——意思是“食人的”——的生物，都应该被消灭。美国农业部在1958年接受了这个理念，那一年正是一场旨在消灭嗜人锥蝇的战役开始的时间。人类的战术很狡猾：用放射性物质处理雄蝇，使它们失去生育能力，然后再将这些处理过的雄蝇释放到南方的野外。一旦雌性与它们交配过，十有八九至死不会交配第二次，这就能打断嗜人锥蝇的生命循环。

感谢这些措施，嗜人锥蝇被永远地赶出了美国，偶有零星的小暴发，也很好处理。这对于那些曾深受这种昆虫之害的牲畜来说是个好消息——当然，对于人类也是。

一只怀孕的雌性嗜人锥蝇能在人类或是包括牲畜在内的动物的伤口周围或黏膜边缘——眼睛、鼻子、耳朵、嘴巴甚至生殖器——产下200~300粒卵。当幼虫破壳而出开始进食时，它们会吸引更多的雌性在此产卵。幼虫会向伤口深处“探索”，它们会以螺旋的方式钻入血肉当中，这为这些蛆虫赢得了螺旋蛆的名字——这个霸气的名字完美地显示出它们的破坏力。幼虫大约会在寄主体内生活一周，之后就会钻出来落在地上化蛹。

1952年美国加利福尼亚州中部发生的一个案例，很好地为这种蝇带给美国的伤痛作了注释。一个男人在自家后院打盹，突然被一只在他头边转来转去的飞蝇撞了一下。顷刻之间这只飞蝇消失不见了，但这个人感觉到鼻子里有种奇怪的痒感。他擤了一下鼻子，那只飞蝇被擤了出来。在接下来的几天里，他一侧的脸肿了起来，使他不得不去看医生，医生冲洗了他的鼻道，从中找到了25条蛆虫。在接下来的11天里，医生又从这个男人的鼻道中陆续取出200多条蛆虫，这都是那只飞蝇在访问他鼻子的那一瞬间里产下的卵发育出来的。

尽管现在这种也被称作新世界螺旋蛆蝇的昆虫只是美国人黯淡的记忆，但它们依旧活跃在中南美洲。另外，有种被称作旧世界螺旋蛆蝇的物种——蛆症金蝇（*Chrysomya bezziana*）——在非洲、东南亚、印度以及中东地区为非作歹。医生们被告知，新一代的美国人和欧洲人，正通过探险运动以及“极限穿越”——一种徒步穿越森林或沙漠的运动——重新认识螺旋蛆蝇。

嗜人瘤蝇

Cordylobia anthropophaga

在撒哈拉沙漠以南的非洲，人们总为嗜人瘤蝇的到来而担心。这种昆虫的雌性一次能在沙土中产下 300 粒卵。人们不能在室外晾干洗好的衣物，因为蝇卵有可能落在上面。而那些买得起热风干衣机或是熨斗的人，会用这些工具杀死衣物上的蝇卵。

一旦幼虫破壳而出，就会钻入健康无破损的皮肤，通常情况下寄主根本不会觉得痛，甚至没有任何的感觉。在几天内情况会向坏的方向剧烈发展，如果得不到治疗，人会感到痒，然后是痛，之后还有混合了鲜血以及蝇蛆代谢废物的恶心液体流出来。

如果没有被强制取出，蛆虫会在大约 1~2 周后自己钻出来。虽然嗜人瘤蝇仅产自非洲，但它们造成的病例却遍布各大洲。据推断，它们的卵可以黏附在毛毯或是衣物上，可能正是这个原因造成了这种现象。

蛆症异蚤蝇

Megaselia scalaris

蛆症异蚤蝇是世界性分布昆虫，它们有疾走转圈、忽走忽停的特征性动作，这个习性使它们在英语中获得了“疾走蝇”的名字。因为同其他许多种蝇类一样，它们容易被尸体吸引，因此还有个“棺材蝇”（coffin fly）的俗名。但不幸的是，活物对它们来说也充满诱惑。

众所周知，蛆症异蚤蝇这混蛋对人类的尿道充满了兴趣。它们是一些尿道蝇蛆病的元凶——有文件证明，曾发现过一些尿道或是生殖道中出现大量蛆症异蚤蝇卵、幼虫的案例——通常发生在卫生条件差的地区，寄主常有其他早已出现的伤口或是感染。

2004 年，一个伊朗人在科威特的一处工地里浇混凝土时被砸到他身上的东西弄伤了。在医院里医生们处理了他的撕裂伤及骨折。两周后，他在换绷带时发现伤口上有蛆症异蚤蝇的幼虫。靠计算幼虫的年龄，医生们确认这个倒霉的伊朗人就是在医院里感

染上蛆症的：在给他处理伤口前，一只蛆症异蚤蝇早已爬进了绷带，产下了卵。

塞内加尔燥蝇
Auchmeromyia senegalensis

居住在撒哈拉以南的人们被劝告不要赤脚接触木屋的地板。塞内加尔燥蝇（俗名“刚果地板蛆蝇”）会在干燥温暖的地板上产卵，人们住的木屋或是庇护牲口的牛棚都可能找到这种昆虫的卵。幼虫诞生之后，会在夜间于地板上来来回回地爬行，寻找温血动物取食。它们会在夜晚叮人，吸一次血，会花上 20 分钟，离开时留下让人肿痛的伤口。塞内加尔燥蝇不会传播疾病，也不会在人的皮肤下面打洞。睡在铺在地面的席子上的人不能避开这种蛆虫，但那些有幸睡在床上的人却很少被这种夜间的吸血者打扰。

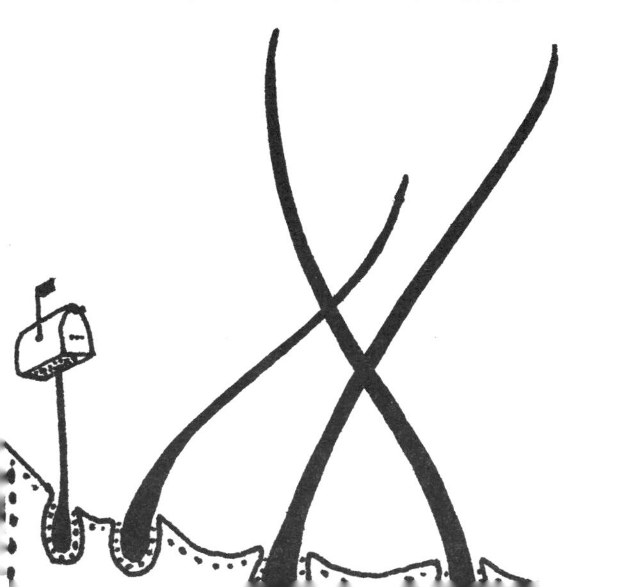

家白蚁

（*Coptotermes formosanus*）

大小：15毫米。

科：鼻白蚁科（Rhinotermitidae）。

栖息地：它们生活在地下或是树干中，建筑的木质部分也是其理想的居所。

分布：中国、日本、斯里兰卡、夏威夷、南非以及美国东南部。

“根据最近的报道我可以判断，”昆虫学家马克·亨特（Mark Hunter）在2000年的时候说，“家白蚁出现后一直在破坏历史悠久的美国新奥尔良法语区。它们正在摧毁已经被杂酚油处理过的木质电线杆、埋在地下的交通灯开关盒、地下通信电缆、活着的乔木和灌木，甚至还搞坏了高压水管线的密封装置。”当时，他还预言这种扩散性的亚洲白蚁是21世纪人与昆虫对抗战中最可怕的敌人。

不幸的是，5年后“卡特里娜”飓风证实他所言不虚。这场美国历史上最可怕的自然灾害杀死了1,833个人，使得75万人流离失所，造成了20世纪30年代那场可怕的沙尘暴之后美国最大的一次人口迁徙。最终，这场浩劫造成了差不多1,000亿美元的损失。当新奥尔良开始重建时，人们确信，几十年前定居在此的家白蚁在这场灾难中扮演了一个重要的角色。保护城市的防洪堤的接缝处是由甘蔗渣填补的，而这种东西，家白蚁可不会放过。

这种灾难都是能避免的吗？远在“卡特里娜”飓风登陆的17年前，家白蚁的大敌去世了。1989年，美国路易斯安那州立大学农业中心的昆虫学家杰弗里·拉法杰（Jeffery LaFage）的旨在消灭新奥尔良法语区白蚁的新项目正式上马。刚庆祝完项目的启动后没多久，一个劫匪出现了，打死了杰弗里，当时他才吃完晚饭，和一个朋友在大街上散步。他的死使得这个地区控制白蚁的工作倒退了好多年。

拉法杰的继任者、昆虫学家格雷格·亨德森（Gregg Henderson）继续和白蚁战斗。在“卡特里娜”飓风登陆前5年，他曾为防洪堤上的白蚁群忧心忡忡，并发出了警报。然后，他预言中最坏的部分成真了。“我还记得从新闻中看到的防洪堤溃堤时的场景，”他说，“我当时很难受，因为我知道是什么出了问题。”不完备的计划以及经费不足，当然不足以成事，家白蚁在这场灾难中扮演的角色不能忽视。亨德森曾制订过一个计划，希望把白蚁从堤坝旁引到更容易捕获、杀死的地方，但官方对这个计划完全没有兴趣。

家白蚁已经危害新奥尔良几十年了。这种生物可能是随着第二次世界大战结束后返回港口的船只而来。这座城市有着潮湿、炎热的气候，大量木框架建筑又提供了丰富的食物，无疑为这种害虫营造了一个极其适宜的居住环境。而法语区的联排别墅更是白蚁的天堂：任何旨在消灭一栋房子里的白蚁的行为，都会鼓励它们窜到隔壁去。据估计，“卡特里娜”飓风到来前，白蚁每年会给这座城市带来大约30亿美元的损失。

这种白蚁的蚁后最长能活上25年，享受其奴仆提供的丰富的食物供给，天天和蚁王幽会，而蚁王的工作仅仅是和它交配。每天，它都能产下成百——甚至上千枚卵。当幼虫破壳而出，会有工蚁喂养，而成长到一定阶段，它们也会成为工蚁，啃噬木材，喂养自己的群体。兵蚁，它们的工作只有两个：保护蚁巢，杀死入侵者。白蚁的若虫也能成长为蚁后或是蚁王，或者是“有翼者”——这种有翅膀的类型能够成为建立新殖民地的蚁后或是蚁王。每当每年的5月下旬到6月份，大群的有翼白蚁会围绕着法语区的电灯飞行，它们是如此之多，甚至遮蔽了灯光，吓跑了游客。

有一些害虫防治专家奢望“卡特里娜”飓风能带来点好处——淹死大量的家白蚁。不幸的是，这种白蚁没有被飓风吓跑。这种昆虫的巢穴是自己建筑的，它们用唾液混合消化过的木头、粪便建墙筑房；其包含了大量小房间、错综复杂的通道的巢穴，能住下有几百万只白蚁的群体。它们巢穴的墙壁成分复杂，给人的感觉类似于硬纸板。而这种材料保护了大多数的白蚁群，“卡特里娜”飓风带来的洪水并没有给它们造成多少损失。加之居民、商人们抛弃了他们的房屋，人类不再向它们发动能限制其蔓延的攻击，洪水后的环境对于白蚁来说是如此完美，它们的数量迅速地回升。

近亲： 全世界大约有 2,800 种白蚁。

蚂蚁在行军

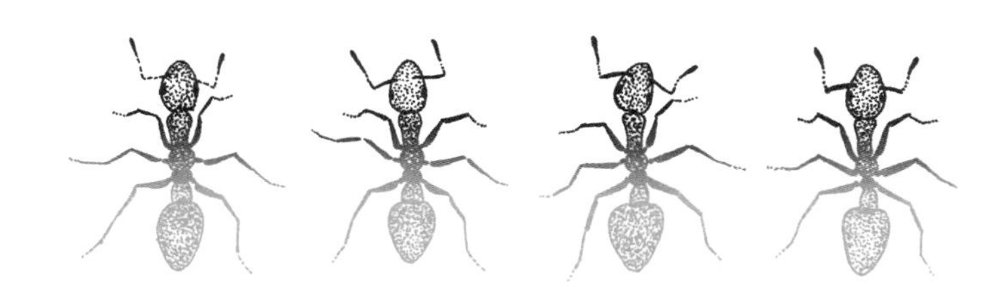

研究昆虫蜇伤的科学家贾斯汀·施密特，创造了施密特刺痛指数来衡量蚂蚁或其他能蜇人的生物给人造成的疼痛。他用让人惊异的诗意语句为蚂蚁造成的蜇伤分了级，并拿蜜蜂和黄蜂作为参照：

1.0：隧蜂：轻微、短暂，几乎不会造成什么伤害。就像一星微小的火花，点燃了你手臂上的一根汗毛。

1.2：火蚁：尖锐、突然、些许惊人。就像赤脚走过粗毛地毯，到房间的另一边按下电灯的开关。

1.8：锈色拟切叶蚁：罕见、尖利、让人一惊的疼痛。就像有人把订书钉钉进了你的脸颊。

2.0：斑长黄胡蜂：五味杂陈，如玻璃碎裂。就像是手被旋转门碾到一般。

2.0：大黄蜂：烟熏般灼热，难以忍受。想象一下，有个恶棍把雪茄摁熄在你的舌头上。

0~2.0：蜜蜂和黄边胡蜂：就像是火柴在你的身上擦着，继而贴着皮肤燃烧。

3.0：红收获蚁：强烈而又持续不断。就像有人把钻头钻进你的脚趾缝。

3.0：造纸胡蜂：如腐蚀，如燃烧。清晰的刺痛感，回味悠长。宛若装满盐酸的高脚杯倾覆在纤弱的剪纸上。

4.0：食蛛鹰蜂［蛛蜂科（Pompilidae）下的蛛蜂属（*Pepsis*）和半蛛蜂属（*Hemipepsis*）的统称——译者注］：猛烈得使人目眩，如电击般骇人。就像是有人把通着电的吹风机扔进了你正在洗泡泡浴的浴缸中。

4.0+：子弹蚁：纯粹、强烈的疼痛，如焰火划过夜空。就像是在燃烧的木炭上行走，脚后跟上还钉着一根 8 厘米长的锈铁钉。

在自然界中，蚂蚁极端重要。它们作为分解者，扮演着粉碎有机物、将其中的营养成分返还给大地的角色；它们为数众多，为其他的一些小生物提供了食物来源。蚂蚁拥有奇迹般的社会结构，不同的个体扮演着不同的角色，群体内的个体之间善于交流信息，而它们协同合作完成任务的能力极其引人注目。它们能发动战争，种植真菌，建造复杂的巢穴——在它们的建筑里，甚至有专门的“托儿所”等功能不同的小房间。但某些种类的蚂蚁的一些习性并不是那么宜人——它们能造成可怕的，有时甚至是异常可怕的疼痛。

控制红火蚁费时费钱，还可能毫无作用，所以生物学家 E. O. 威尔逊将其称为“昆虫学中的越南战争”。

红火蚁

Solenopsis invicta

这种南美生物的群体由多达 25,000 个个体组成。它们豢养蚜虫，以其蜜露为食，但它们也不会拒绝动物尸体、蠕虫以及其他的虫子做食物。它们能够接管鸟巢或是鼠穴，赶走原来的主人；也能摧毁作物，吃光大片大片的大豆或是玉米，在这个过程中，它们还可能破坏农场的设备。

它们拥有搞坏机械设备和电力设施的能力，这尤其让人恼火。红火蚁能咬坏电线、开关、控制器上的绝缘层，导致拖拉机无法开动，电线短路，空调设施也不能工作。红火蚁能搞坏交通灯，甚至美国得克萨斯州中部那个已经不存在的超级对撞机都受过它们的影响。在美国，红火蚁每年能造成 20 亿美元的损失。

但对于大多数人来说，红火蚁最直接的危害是其狠毒的叮咬。粗略估计，每年大概有三分之一到一半的生活在“红火蚁路径”——从美国新墨西哥州延伸到北卡罗来纳州的一片区域——中的居民会被这种生物叮咬。当红火蚁发起攻击时，有的人会被吓得慌不择路，不小心撞入红火蚁更密集的地方。这种蚂蚁咬人很用力，能够紧紧地夹在人身上，之后它们会注入毒液，这马上会导致伤口处剧烈疼痛。如果不将它们打掉，它们会叮在同一个地方，保持很长时间。红火蚁咬伤的地方，会肿起个红色的伤痕，在伤痕的中间会有一个白色的脓包。

一次猛烈的袭击通常会造成开放性的伤口，这会导致伤口感染，并留下疤痕。从事建筑业以及景观美化行业的人，偶然遇到一群红火蚁的可能性更高，于是他们也更容易被大量红火蚁咬伤——有时会导致整只手或整条腿极端肿胀，且可能持续一个月或是更久。2006 年，美国南卡罗来纳州的一个妇女在整理花园时遭到了红火蚁的围攻，她因此而死。正如蜂蜇会导致一些人产生过敏性的休克一样，红火蚁的叮咬也可能造成这个结果。

控制红火蚁费时费钱，还可能毫无作用，所以生物学家 E. O. 威尔逊（E. O. Wilson）将其称为“昆虫学中的越南战争”。喷洒化学药剂只能消灭其竞争者，从而导致红火蚁更容易建立种群。现在，澳大利亚政府为消灭红火蚁已经用上了直升机，他们还使用热灵敏检测器检查大的土堆，以便直接把杀虫剂注射进红火蚁的巢穴当中。

行军蚁

Dorylus sp.

当行军蚁饿了的时候，它们会开始行军。群体没有领袖，它们就像是小溪，漫过非洲中部和西部的村庄，杀死路遇的所有生物。

聚成一群的行军蚁可多达 2,000 万只，它们路过的地方成了这样一片光景：没有蚱蜢，没有蠕虫，也没有甲虫，甚至更大的动物例如蛇和老鼠都会被它们捕杀。因为害怕这种 2.5 厘米长的蚂蚁闯进村庄，当地人甚至会迁徙避祸。但这也并非纯然是件坏事：行军蚁会把村庄里的蟑螂、蝎子等害虫给全部消灭掉。

2009 年，一个考古学家正在发掘一些卢旺达大猩猩的遗骸，用来研究进化问题。她在某天早上突然惊醒，发现一条行军蚁的河流正冲向发掘场。“就和我们都知道的那样，”她的一个同事说，“这一天过得实在糟透了。”科学家们穿上保护装置，试图尽量和蚁群保持距离。当天结束时，蚂蚁吃光了它们能找到的食物，拍拍屁股走了。当挖掘组返回继续挖掘时，发现行军蚁帮了个忙，它们把土壤里的其他虫子都给吃掉了，让人们可以快速寻回干干净净而又完整无缺的骨架。

子弹蚁

Paraponera clavata

子弹蚁的叮咬就如被子弹射中般疼痛，它们因此得名。那些倒霉到被这种 2.5 厘米长的南美蚂蚁咬过的人都说，这种剧烈的疼痛会持续几个小时，之后在几天内都不好受。有些人被咬过的肢体甚至暂时无法正常工作，而有些人在被咬之后会恶心作呕、发汗、浑身发抖。

英国博物学家、电视明星史蒂夫 • 巴克沙尔（Steve Backshall）

在巴西拍摄一部纪录片时，曾异常勇敢地故意让子弹蚁咬自己。他自愿参加萨特热－马吾（Satere-Mawe）族人的男性成年仪式，这种仪式要求参加者忍受一群子弹蚁持续不断的叮咬长达10分钟。他因疼痛而尖叫、哭喊，在地上扭曲打滚。一会儿之后，他口部流涎，身体几乎没有反应了，这都拜蚁毒中的神经毒素所赐。“如果我的手中有一把大砍刀，”他对记者说，“我会砍掉我的手，以缓解疼痛。”

阿根廷蚁

Linepithema humile

这种微小的暗棕色蚂蚁可能是在19世纪90年代随着来自于拉丁美洲的咖啡豆混入美国新奥尔良的。潮湿的海岸气候非常适合这种蚂蚁的扩散，于是它们蔓延至加利福尼亚州的东南部和西部。在1908年，种植柑橘的农民听到了警告，但是他们为控制这种蚂蚁做出的努力完全无效。而最近的新闻指出，阿根廷蚁有组成绵延数百千米的超级种群的能力，让人感觉它们好像是从恐怖电影里走出来的。

这种蚂蚁身长仅3毫米，异乎寻常地好斗。它们不叮也不咬人，但却可以消灭身长十倍于己的本地蚂蚁的种群。本地蚂蚁的消失，意味着在食物链上以蚂蚁为食的动物失去了食物。包括加利福尼亚州海岸角蜥在内的许多生物，不只是失去了最好的食物来源，还必须面对大群阿根廷蚁的攻击。

阿根廷蚁最爱的食物并非是其他的蚂蚁，而是蜜露——蚜虫或是介壳虫分泌的甜味液体。为了确保这些害虫能够生产足够的蜜露，这种蚂蚁开办了“农场”，在玫瑰丛、柑橘树等植物上圈养蚜虫和介壳虫，保护它们免遭天敌的侵害，并来回搬运这些“奶牛”，使其有足够的食物。

一个阿根廷蚁超级群体，能将数百万的个体凝结在同一个家族之下，它们保持族群不分裂的机制人类至今不得而知。阿根廷蚁会把自己地盘中的其他蚂蚁、白蚁、黄蜂、蜜蜂甚至是鸟类全赶走，对这片地区的农业造成严重的损害。它们的组织团结得让人难以置信，看起来就像是军国主义国家，永不窝里斗，每个个体都永远在干自己该干的活。

事实上，昆虫学家已经发现，从圣地亚哥直到北加利福尼亚州的阿根廷蚁都属于同一个超级种群，它们拥有相似的遗传物质。欧洲的一个阿根廷蚁超级种群占据了整个地中海沿岸，澳大利亚、日本的超级种群也已经建立。这几个种群都是亲戚，把来自不同大洲的个体放在一起，它们同样不会交战，它们几乎可以被当作同一个全球性巨型种群的成员，都在进行同一个任务。

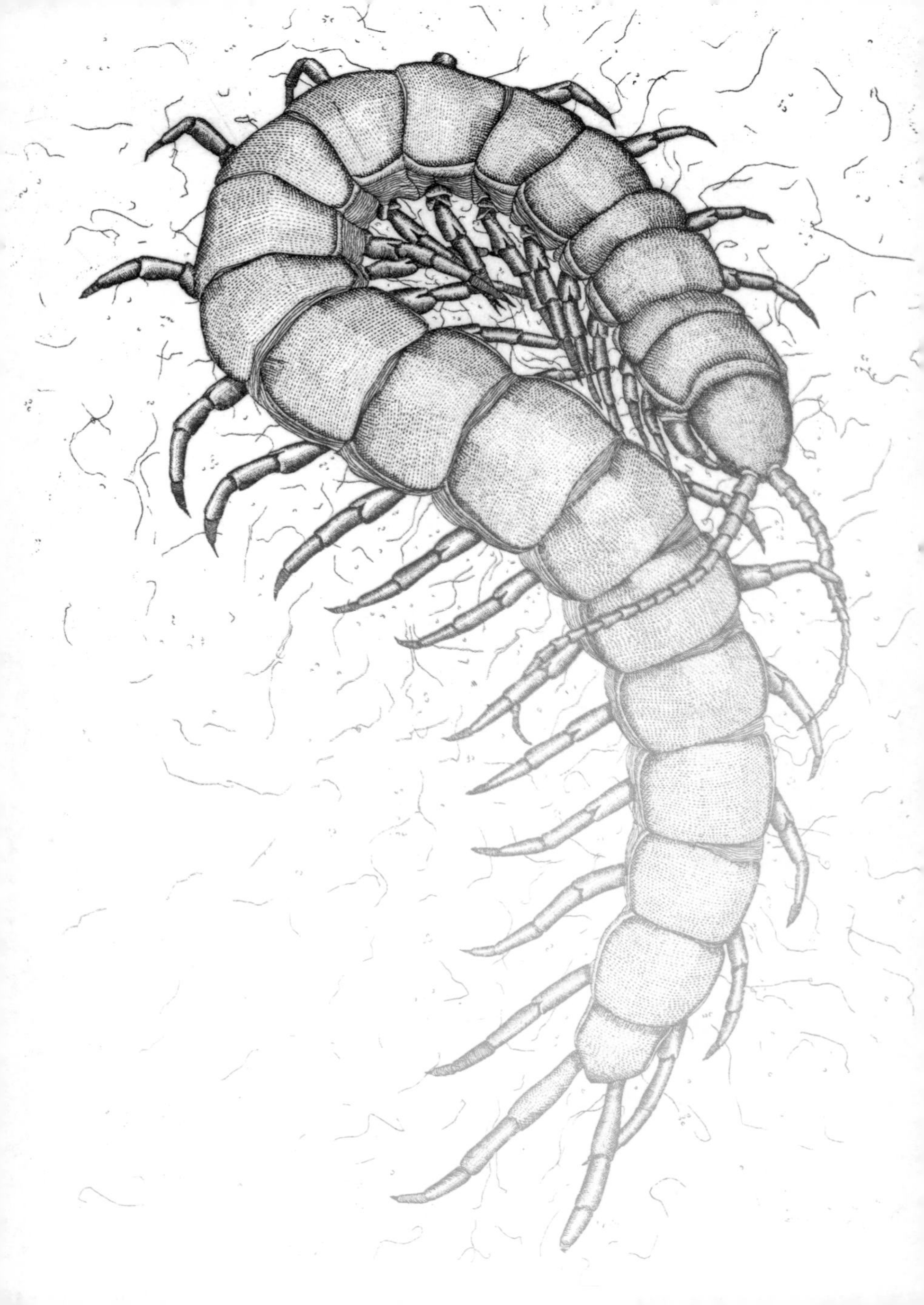

秘鲁巨人蜈蚣

（*Scolopendra gigantea*）

大小：最长可达30厘米。

科：蜈蚣科（Scolopendridae）。

栖息地：岩石下面、落叶层中、森林地面等潮湿的地方。

分布：南美的森林地带。

2005年的一天，一位32岁的心理学家正坐在北伦敦的家中看电视，突然听到一堆纸下面有“沙沙”的响声。他起身查看，本以为会找到一只老鼠，但却发现了一条9英寸（约23厘米）长、腿多得数不清的虫子。这个像是来自史前时代的生物看到他后立马落荒而逃。幸运的是，这个心理学家足够镇定，他抓住一个小铲子，把这个生物装入了一个塑料容器中，没让它接触到自己。

第二天早上，他把这只虫子带到了伦敦自然历史博物馆。在那儿，一个昆虫学家打开袋子，以为里面又是那种游客每天带来求鉴定的寻常可见的昆虫。但是，“当看到他装在袋子里的那只虫子时，我感到震惊，”这个昆虫学家记录道，“我真没想到，会是这么个玩意儿。”

我们正在谈论的，是世界上最大的蜈蚣：秘鲁巨人蜈蚣。这种巨大的南美生物能长到 1 英尺（约 0.3 米）长。被它咬上一口，受害者体内就被注入了一剂强有力的毒液。它的身体一共分为 21 到 23 节，每一节上都有一对足，而最前端的那一对特化成被称作颚肢的毒爪。巨人蜈蚣的毒性非常强，被它咬到的地方会肿得厉害，整条胳膊或是腿都会剧痛不已，有时甚至会造成坏疽乃至大块肌肉的坏死。而头晕眼花、恶心干呕等症状也经常伴随出现，但是如果伤口得到简单的药物处理，这些症状很容易就会消失。

这种蜈蚣会用身体后侧的几对足悬挂在洞穴壁上，捕捉飞到它们身边的蝙蝠。从一定程度上来说，巨人蜈蚣的足智多谋让人恐惧。

虽然对于人类来说这种蜈蚣不会导致致命的伤害，但是对于那些比较小的生物，例如蜥蜴、蛙类、鸟类以及鼠类来说，巨人蜈蚣则是它们的灾星。委内瑞拉的一个研究小组曾发现，一只秘鲁巨人蜈蚣悬挂在洞穴的岩壁上，兴高采烈地大嚼一只小蝙蝠。这样的事研究人员不只看到过一次，于是，他们认识到这种蜈蚣会用身体后侧的几对足悬挂在洞穴壁上，捕捉飞到它们身边的蝙蝠。从一定程度上来说，巨人蜈蚣的足智多谋让人恐惧。

蜈蚣的英文名“centipedes”来自于拉丁语，意思是“有一百只脚”。但并非所有的蜈蚣都有那么多的足。与马陆不同，蜈蚣每个体节上都只有一对足而不是两对。种类不同，足的对数也不一样。虽然所有的蜈蚣都会咬人，但是大部分种类顶多会让人感到一点点痛，其中一些种类的口器实在是太小了，甚至无法穿透人类的皮肤（但不管怎样，赤着手接触蜈蚣是不明智的）。蚰蜒（*Scutigera coleoptrata*）——广义上的一种蜈蚣——在北美随处可见，它们有15对奇形怪状的长腿，虽然外表恐怖，但即使被它们咬了，你也几乎不会有什么不适感。这种生物捕猎臭虫、蠹虫、皮蠹乃至蟑螂，所以如果发现了蚰蜒,就说明你的家中存在着一些扰人更甚的害虫。

蜈蚣不像昆虫,它们的外壳上没有能够防止水分蒸发的蜡质层，所以必须待在潮湿的地方。这种虫子依靠腿旁边的微小气门呼吸，因为水分也会随着呼吸的气流散失，这导致它们更容易脱水。它们的交配过程惊人地寡淡无味：雄性将精子放到可能会被雌性发现的地面上。尽管有些种类的雄性会催促雌性走向精子，但你别想在蜈蚣中发现更浪漫的接触。但是，雌性秘鲁巨人蜈蚣会像孵卵的鸟儿一样，用身体覆盖住卵，保护它们不受食肉动物的伤害。

被蜈蚣咬后的疼痛程度，通常和咬人的蜈蚣的大小有关，这是因为蜈蚣的个体越大，能够注入对手体内的毒液就越多。生活在美国西南部的人非常害怕北美巨人蜈蚣（*Scolopendra heros*），这种大约8英寸（约20厘米）长的生物能造成严重的伤害。一个曾被这种蜈蚣咬过的军医报告说，如果把疼痛分为1~10级，那么北美巨人蜈蚣造成的疼痛就是最高的10级。也有报道说，在药店可以买到的非处方药都不能缓解这种疼痛，但是，不适感和红肿在一两天后会彻底地自行消失。

但为什么那个英国人会在自己的家中发现秘鲁巨人蜈蚣？博物馆的工作人员一开始认为它可能是被混在装着进口水果的盒子中，搭着顺风车从南美洲来到了英国。但最终，那个人的一个邻居承认，这只巨人蜈蚣是他在当地的一个宠物店里买下来准备当作宠物养的。（这种生物最长可以活上 10 年，所以能够长期豢养。）这只巨人蜈蚣被还给了它的主人，希望它不会再出现在主人邻居的家中。

近亲： 全世界一共有大约 2,500 种蜈蚣。巨人蜈蚣所属的蜈蚣科的其他成员大多都生活在热带。

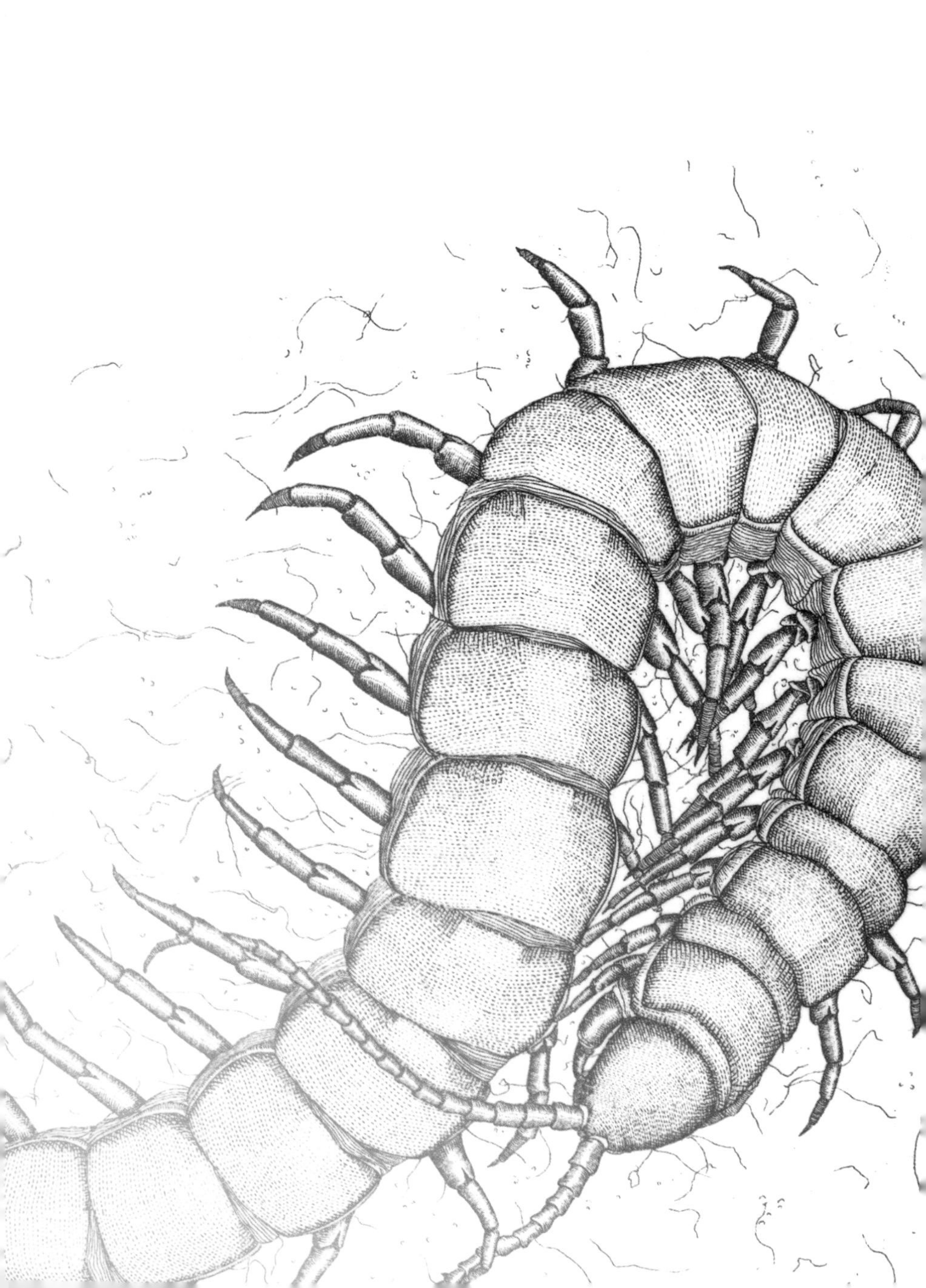

地中海实蝇

（*Ceratitis capitata*）

大小：6.3 毫米。

科：实蝇科（Tephritidae）。

栖息地：果实多的地方，例如热带地区或是果园。

分布：非洲、南北美洲、澳大利亚。

1929 年，美国佛罗里达州的一名昆虫学家警告说："我们需要发起一场第一次世界大战那么大规模的战争来消灭出现在佛罗里达的地中海实蝇……它们是美国从来也没有面对过，并必然会与之一战的一种敌人。它们能够迅速、安静又持续不断地造成破坏，我们绝对不能再轻视它们。迄今为止，我们还没有发现任何能寄生在它们身上的天敌。"

这场"战争"的确爆发了，且持续至今。在 1983 年，迈阿密国际机场里发现了一只地中海实蝇，造成了广泛的恐慌，甚至这个新闻上了《纽约时报》（*New York Times*）的头条。另一只地中海实蝇飞进了首都华盛顿，人们发现后赶紧给它验了孕，还好检测结果是这一只实蝇没有生育过，让所有人都长舒了一口气。

走私贩们从百慕大群岛走私瓶装烈酒，他们会用稻草把酒瓶包裹住，密集地装在一起，而地中海实蝇可能就躲藏在其中。

这种飞蝇已经在新闻中出尽了风头。1981 年，一个政治上的问题让美国加利福尼亚州州长杰里·布朗（Jerry Brown）左右为难：或允许飞机喷洒一种名为玛拉西昂的杀虫剂，这会导致环境学家们反对他；或驳回这项提案，这又会导致加利福尼亚州总值数万亿美元的农业生产遭受毁灭性的打击。他尽力拖延飞机喷洒杀虫剂的进程，但最终，住在洛杉矶、圣何塞等地区的人们还是在夜晚被喷洒杀虫剂的直升机的噪声吵醒了。加利福尼亚州保护军团中布朗的代表当着反对喷洒杀虫剂的人的面，喝下了一杯稀释过的玛拉西昂溶液，以证明这种杀虫剂对人类来说是安全的。

地中海实蝇原产于撒哈拉以南的非洲，它们可能是搭了进口行业的便车进入了美国。（这事儿还和禁酒令有点关系：走私贩们从百慕大群岛走私瓶装烈酒，他们会用稻草把酒瓶包裹住，密集地装在一起，而地中海实蝇可能就躲藏在其中。）这种害虫一出现在美国，就会遇到强有力的抵御措施，被清除得干干净净，所以至今它们都没有在美国定居。

完成一次完整的生命周期，地中海实蝇只需要花上 20~30 天。

雌蝇会在果实的表皮下面产卵——通常它们的目标是柑橘、苹果、桃或梨——在每个洞中，它们一次能塞上好几十个卵。一旦孵化，幼虫会马上开始啃噬水果，导致水果对于人类来说不再有任何的食用价值。一周到两周后——准确时间取决于果实的成熟程度和天气状况——幼虫落到地上，开始度过它们长约几个星期的蛹期。成虫羽化后会尽快交配，之后雌虫会产卵，开始新的循环。如果天气允许，成年实蝇的寿命能达到 6 个月以上，它们会用尽自己所有的时间在水果上产卵。地中海实蝇对宿主一点都不挑剔，它们能在多达 250 种水果乃至蔬菜上产卵。

1981 年加利福尼亚州用飞机喷洒杀虫剂把这种害虫逼上了绝境——就那么一会儿。每年，加利福尼亚州都会花上 10 亿美元控制这种害虫，但也只是让它们销声匿迹了 8 年。于是，新一轮的飞机喷洒杀虫开始了，外加释放不育雄蝇，对旅客随身行李、进口货物进行更严格的检查和检疫，以避免灾难再次发生。2009 年，地中海实蝇回来了，于是人们的神经再次紧张起来。同样的事情，也曾发生在北美的其他地方，更不用说南美洲和澳大

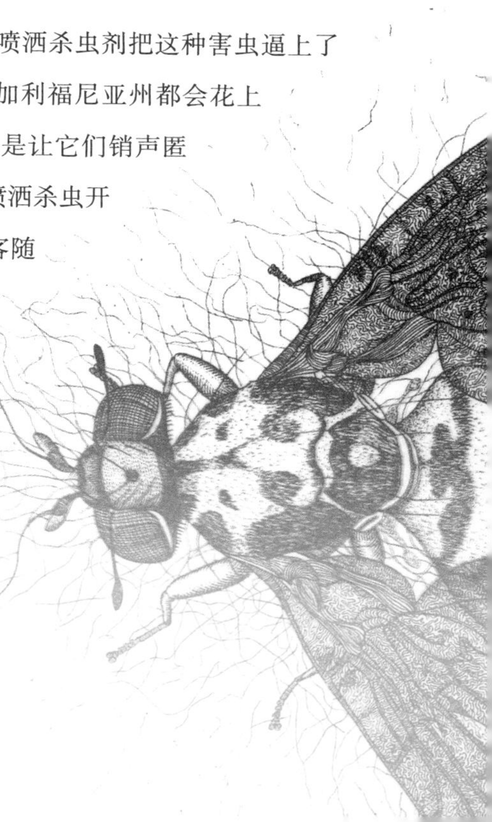

利亚，在那儿地中海实蝇也对农业造成了巨大的威胁。

在所谓的“实蝇史”上曾发生过一件吊诡的事：1989 年 12 月，一伙称自己为“饲养者”的恐怖分子写了封信给洛杉矶市长，要求他停止使用飞机喷洒杀虫剂，否则就释放一大群地中海实蝇。实际上，市政府并没有发现任何由阴谋而出现的异常的实蝇虫灾，甚至没有人因此被抓。很多行政官员认为这就是个恶作剧。

近亲： 实蝇科中有大约 5,000 个物种，包括橄榄实蝇（*Bactrocera oleae*）、中美按实蝇（*Anastrepha striata*）、甜瓜实蝇（*Dacus ciliatus*）等可怕的农业害虫。

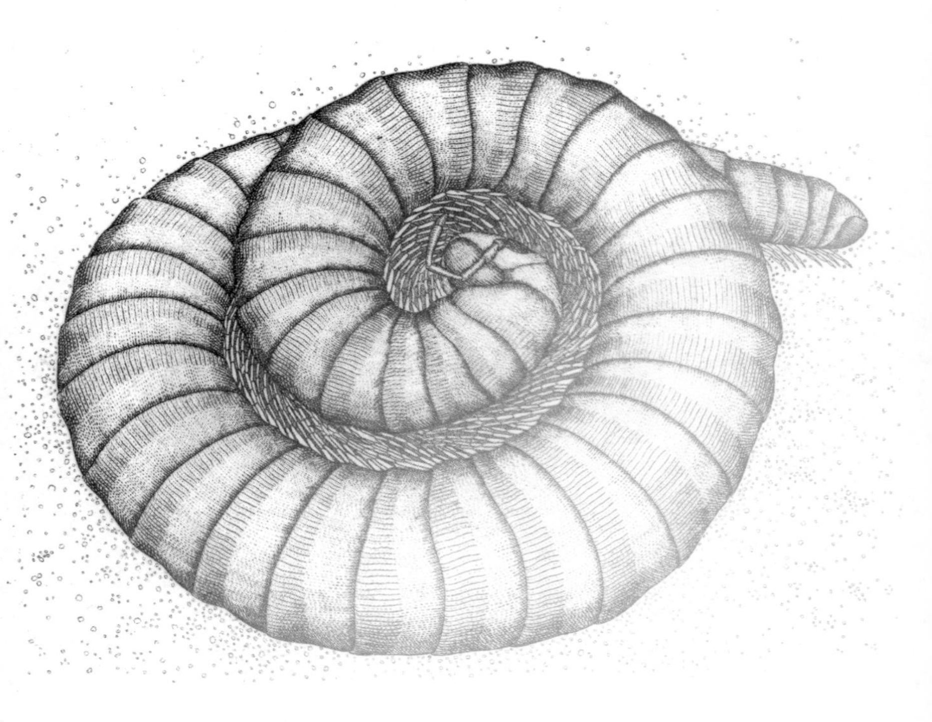

马陆

（*Tachypodoiulus niger*及其他）

大小：60毫米。

科：姬马陆科（Julidae）。

栖息地：落叶层或是森林中草本植物多的地面区域。

分布：遍布于欧洲，在英国、爱尔兰、德国尤其多。

一般情况下，马陆并非是什么特别有害的生物。不像蜈蚣，马陆没有能往猎物体内注射的毒液，它们压根就不会猎捕其他动物。这种行动迟缓、蹑手蹑脚地行走在地面上的生物会把地面上的落叶给清除掉。它们被称作“食碎屑者”，因为这种生物啃噬地面上的植物碎屑，筛出其中的沙砾并把这些物质打碎，增进土壤的肥力。当受到攻击时，大多数马陆仅仅会缩成一团，期望身上坚硬的外壳能够抵御敌人的进攻。但是，为什么人类不喜欢这种爱好和平的素食回收者呢？

首先，它们庞大的数量就可能坏事儿。马陆的入侵不仅仅是让人毛骨悚然的，更是毁灭性的。自从铁路被发明以来，成群的马陆越过铁轨的故事就在新闻中时常可见，而最近的一些相关报道，着实让人吃惊。2000 年，这种生物曾在东京郊外逼停过一些高速列车。它们被碾碎的尸体会让铁轨变得湿漉漉、黏糊糊的，足以使列车轮子打滑。在澳大利亚同样的事情也发生过：一种名为葡萄牙黑马陆（*Ommatoiulus moreleti*）的外来入侵物种成群地爬上了铁道，它们的尸体也使得铁道太滑，摩擦力太小，导致大量的列车不是被延误，就是被取消。

在苏格兰高地上的一些地区，事情还要糟糕得多。在那儿有 3 个偏远的村庄，深受欧洲黑马陆（*Tachypodoiulus niger*）之苦。那儿的人晚上必须切断电源，否则那些讨厌的马陆会被光吸引，成群地爬进人居当中，聚集在浴室或是厨房里。当地的一个女邮局局长告诉记者："它们太可怕了。从 4 月开始它们就出来骚扰我们，去年直到 10 月还能看到它们。很难想象出它们有多可怕，除非你住在这儿，并亲眼看过。"

委内瑞拉的一些猴子会去寻找马陆，拿着它们在自己的皮毛上揉搓，利用其分泌物驱赶蚊子。

德国巴伐利亚的一个小镇也曾用过断电这个策略，但是最后放弃了，还是建了一堵围绕整个小镇的墙，把马陆挡在了外面。这堵环绕着奥伯莱切斯泰德镇的墙，有着金属制造的光滑边缘，能够挡住马陆，让它们越不过去。（澳大利亚的一些人，也用类似的东西保护自己的房屋不被马陆入侵。）这个镇子里的一个人说，在建这堵墙以前，每当他走在街上都会踩死好多只马陆。那味道实在是让人窒息。

如何辨认马陆？除了某几节外，它们的每一个体节上都有两对足；并且，这种生物会分泌多种难闻的化合物用来防御。有些种类的马陆能释放氢氰酸，当受到攻击时，它们就会在特殊的腺体里生成这种毒气。这种化学物质的毒性太强了，如果把其他的生物和这些马陆关在同一个玻璃瓶里，肯定会被毒死。缘球马陆（*Glomeris marginata*）能够分泌出一种类似于安眠酮（俗称“佛得”，在中国是国家管制类药物——译者注）的化学物质，能够迫使攻击它们的狼蛛昏昏欲睡，失去攻击力。

通常情况下这些防御措施对人类来说没什么害处。一个人即使是故意把马陆的分泌物涂到皮肤上，也不过会感到灼烧感，发发疹子什么的。另外，委内瑞拉的一些猴子会去寻找马陆，拿着它们在自己的皮毛上揉搓，利用其分泌物驱赶蚊子。

近亲：迄今为止，人类已知的马陆大约有一万种。其中包括非洲巨马陆（*Archispirostreptus gigas*），它能长到 28 厘米长，在人工养殖的状态下能活上 10 年之久；还包括微小的球马陆，它们和甲壳纲的鼠妇（俗称西瓜虫——译者注）长得很像，但是二者毫无亲缘关系。

箭　毒

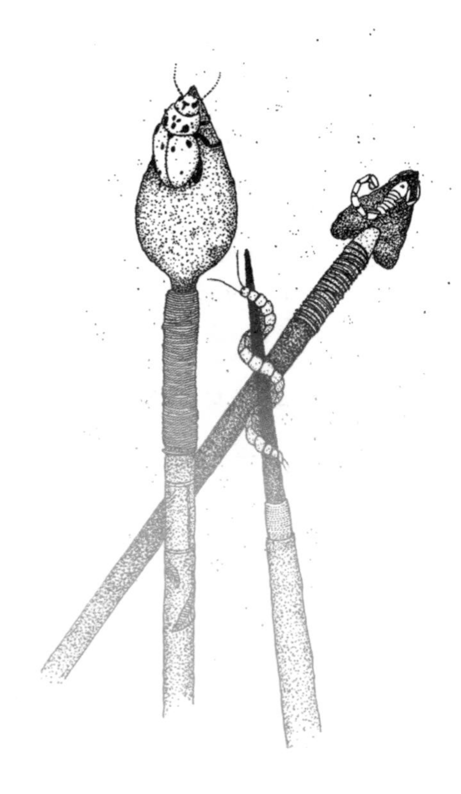

在狩猎或是战争中，有一项非常传统的技术：从毒虫或蜘蛛的毒液里提取有毒物质涂抹在箭头上，使其更致命。以往，涂毒者或观察他们的人并不会描述具体是从哪种毒虫中提取毒液，但是在这里，我将披露一些部落制作毒箭的奥秘。

18世纪，一个出生在瑞典、名为亨德里克•雅各布•维卡（Hendrik Jacob Wikar）的士兵穿越了南非。根据他的记录，布希曼人会把一些有毒的蠕虫碾成粉末，混入一些植物的汁液涂抹在箭头上。在他之后来到这片土地上的探险者了解到，维卡提到的毒虫可能是几种被称作布希曼箭毒甲（*Diamphidia* spp.）的非洲叶甲的幼虫。这种昆虫的血淋巴——也就是它们的血液——中存在着一种能够导致麻痹的毒素。布希曼箭毒甲的成虫看起来就像是一只黄黑相间的瓢虫，而在化蛹之前，它们是看起来巨大、颜色单调的肉色蛴螬幼虫。这种昆虫只生活在原产于南非的一种没药属（*Commiphora*）小灌木上。此外，另一种叶甲灵活多枝甲（*Polyclada flexuosa*）有时也被布希曼人拿来提取毒液。

一种名为利比丝蒂娜虫（*Lebistina* sp.）的步甲，也是布希曼人箭毒的来源之一，这种甲虫和气步甲亲缘关系很近。实际上，它们寄生在布希曼箭毒甲的身上，所以这两种虫子经常被一起找到。布希曼人有时会直接挤出这种步甲幼虫的体液，涂抹在箭头上，用火烤干；或者混合植物汁液、树胶，这样粘得牢一些；像处理布希曼箭毒甲一样，将其碾成粉末，混合物的汁液涂抹在箭头上也是可行的。

虽然这些毒药能在几分钟内杀死一只兔子般大小的小动物，但是对于长颈鹿这样的大动物来说，需要好几天，毒箭上的毒素才能将其拖垮。这就意味着猎人们要跟踪受伤的猎物很长时间，才等得到它们送命。但是，毒素最终还是会生效。19 世纪后期的药物学家托马斯 • R. 弗雷泽曾记载，布希曼人的箭毒强到足以“在致死前导致不幸的神经错乱，产生极大的痛苦”。

阿留申人

阿拉斯加阿留申群岛的原住民会使用一种混合毒药，其原料包括：有毒植物（乌头或附子），腐烂动物脂肪和大脑，以及一种没有特别指明的有毒蠕虫。

哈瓦苏帕人

这群印第安人本来生活在大峡谷地区，在那里他们曾用一种被称作“微小黑钉虫”的毒虫混合蝎子、蜈蚣、红蚁制作箭毒。墨西哥北部的乔瓦人也会制作这样的箭毒“鸡尾酒”，它们的配料包括：腐烂的牛肝、响尾蛇毒、蜈蚣、蝎子以及有毒的植物。

阿帕奇人

曾有部分阿帕奇人这样制造毒箭：选取几个还没有腐烂的牛胃紧紧地放在黄蜂巢旁边，这样黄蜂就会用毒针蜇它们。之后，再拿这些被黄蜂蜇过的牛胃和血与仙人掌的刺拌在一起捣碎，涂抹在箭头上。

泼墨人

有资料描述这群加拿大的原住民会将响尾蛇血、蜘蛛、蜜蜂、蚂蚁、蝎子混合在一起碾碎，制成毒液涂在箭头上。他们会将这种箭射向仇敌的房屋，作为一种厄运的诅咒。

亚瓦派人

这些西南方的印第安人曾制造过一种制作最复杂的箭毒：往一块鹿肝里塞满狼蛛等各种蜘蛛和响尾蛇，埋入地下，并在其上生一堆火。火灭了后，将它们挖出来，任其腐烂。最后，将这堆混合物捣成一团“糨糊”。一个人类学家曾记录下一个身中亚瓦派人毒箭的士兵的故事。这个第一手资料显示，没过多少天那个士兵就被毒死了。（应当指出，拿烂肉涂抹箭矢，会让致命的细菌随着毒药进入受害者的血液循环。）

这些箭毒的威力足以让任何一个不幸的家伙痛苦地死去。

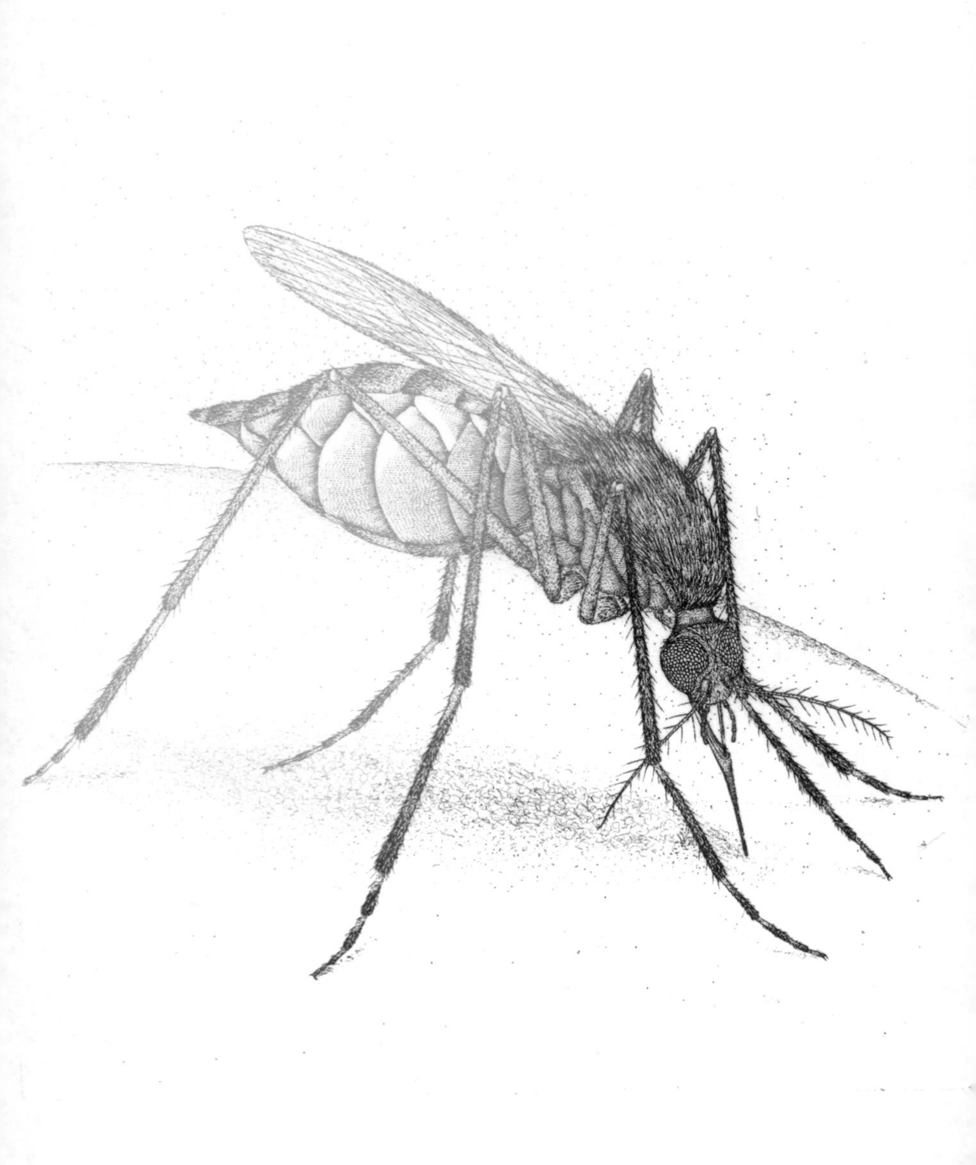

疟蚊

（*Anopheles sp.*）

大小：翼展3毫米。

科：蚊科（Culicidae）。

栖息地：能广泛生存于多种环境中，但较多出现在有水体的地方，无论是湖泊边、沼泽地，还是仅有一个小水洼的地方。

分布：热带、亚热带以及温带的一些地区。

1783年7月10日，就在美国独立战争即将结束之时，乔治·华盛顿（George Washington）写给他侄子的一封信中提到："华盛顿夫人因间断的发烧、发冷以及其他的一些症状而神志不清——昨晚给她敷了大量用树皮做的药膏，她已经好多了——但依旧太虚弱，没法给你写信。"

这位后来的美国第一任总统提到的"间断的发冷、发热"是疟疾的征兆。他在青年时代就染上了这种疾病，并传染给了他妻子。多年来，他遭受过数次疟疾发作之苦，在这期间他还得过天花、伤寒、肺炎以及流行性感冒。虽然治疗疟疾的特效药——从原产于南美的金鸡纳树的树皮中提取的奎宁——在欧洲已经被拿来治疗这种疾病，但华盛顿夫妇直到晚年才用上。不幸的是，这位总统在他的第二个任期内，用了太多奎宁，反而导致了他听力受到损害——这也是奎宁已知的副作用之一。

疟疾被称作人类永恒的敌人，因为它在我们诞生前就已出现，科学家曾在一块3,000万年前的琥珀中的疟蚊体内发现了疟原虫，证实了这一点。最早的药物书籍中就已经提到了疟疾导致的发烧，并暗示可能是一种昆虫的叮咬导致了这种疾病。但表示疟疾的英文单词“malaria”来自于意大利语中的“坏空气”，说明以前人们在传统上认为这种疾病是靠空气传播的。

当然我们现在已经了解到，疟蚊才该为这种疾病的传播负责。它们不仅会传播疟疾，还能携带登革热、黄热病、裂谷热等100多种人类疾病的病原体。根据粗略的统计数字，大约5种虫媒疾病中就有一种和疟蚊脱不开关系，这使它们成为世界上最致命的昆虫。疟疾杀死的人口总数，要比所有战争加起来的还要多。

疟原虫属（*Plasmodium*）的寄生虫是导致疟疾的罪魁祸首。雌性疟蚊以血液为食，而雄性疟蚊的食性则不一样。要传播这种疾病，疟蚊必须要先吸疟疾患者的血液，让雌性、雄性疟原虫都进入它的

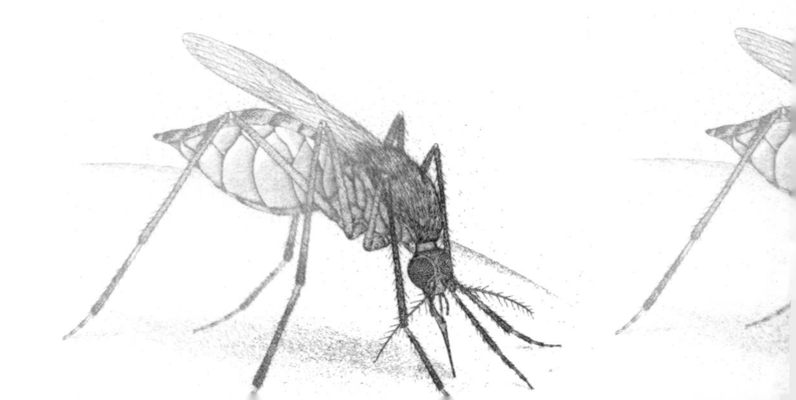

体内，复制、增殖，最终这种寄生虫会进入疟蚊的唾液腺当中。成年疟蚊的寿命不长，大约也就几个星期，这多半不能满足疟原虫的增殖所需。但如果一旦疟原虫在疟蚊体内繁殖了足够的个体，这只疟蚊咬了其他的人，那么病害循环就又开始了。疟蚊把唾液注入受害者体内，唾液使得人们被感染——但仅被一只携带疟原虫的疟蚊咬了，可能不会因此患上疟疾。

二氧化碳、乳酸以及辛烯醇会吸引蚊子，这些物质饱含于人类的汗水以及呼出的气体当中。蚊子也能感受到人身体周围的热度以及湿气。它们喜欢深色调，似乎更容易被运动后的人体吸引。近来，一个法国研究小组发现，疟蚊偏爱喝过啤酒的人。住在缅甸仰光的人，一年可能会被这种昆虫咬上 8,000 次。在加拿大北部，有时蚊子的数量会多到使得一个人一分钟之内被叮上 280~300 下。如果这样的情况持续 90 分钟，那个人身体中一半的血液会被吸走。

全世界总共有 41% 的人口居住在疟疾疫区，而疟疾病人的总数达到了 5 亿。每年有大约 100 万人因疟疾而死，其中大部分是居住于撒哈拉沙漠以南非洲的儿童。专家估计，要控制疟疾，全世界大

约要花费 30 亿美元。在疫区的疟疾防治过程中，蚊帐在夜间起到了非常重要的作用，而预防性的药物例如奎宁在防治中扮演着重要角色。目前，尚没有疟疾疫苗可用。

疟原虫还曾短暂地在治疗其他疾病时当过主角。1927 年，朱利叶斯·瓦格纳－尧雷格（Julius Wagner-Jauregg）因“疗病诱发疟”这种治疗方法获得了诺贝尔奖。使用这种技术时，医生会谨慎地将疟原虫接种于病人体内，使其发烧，杀死某些其他的病原体。瓦格纳曾用“疗病诱发疟”治好了晚期梅毒病人。而在治好梅毒之后，他会再给病人开奎宁，治好疟疾。幸运的是，1940 年青霉素被发明出来，将这种让人痛苦的治疗方式送进了历史。

近亲：　疟蚊属于蚊科，全世界大约有 3,000 种蚊科昆虫，其中的 150 种生活在北美。

山松大小蠹

（*Dendroctonus ponderosae*）

大小：3~8毫米。

科：象鼻虫科（Curculionidae）。

栖息地：松林。

分布：遍布于北美。在美国从墨西哥州到科罗拉多州、怀俄明州、蒙大拿州直至西海岸都有分布。在加拿大主要分布于不列颠哥伦比亚省全省和亚伯达省的部分地区。

《纽约时报》上一篇名为《昆虫带来的破坏，损失几何》（What the Depredation of Insects Costs Us）的文章指出，把每年各种虫子在美国造成的损失加起来，能够抵得上全年的联邦预算，欧洲数个国家的情况大致也是这个样子。几乎遍布于美国森林中的山松大小蠹是那种“走到哪里破坏到哪里”的生物，它们会在树皮下掘洞，在木材里钻出一条一条的隧道，使得价值数百万美元的木材全无用处，化为一堆朽烂的木渣。

这篇让人恐惧的文章是什么时候刊登的？1907年。20世纪30年代，一场针对这种蚕食森林的害虫的全面战争在美国西海岸打响，美国国会为此拨了数百万美元，用在对山松大小蠹的研究和防治上。然而，美国国会的努力无法战胜这种害虫：20世纪80年代，《时代》

杂志再次报道，这种昆虫正蹂躏着美国，毁灭了西海岸340万英亩（约1.38万平方千米）的森林。到了2009年，情况愈发恶化，全美国有650万英亩（约2.63万平方千米）的森林被山松大小蠹所残害，在加拿大的不列颠哥伦比亚省，这个数字是3,500万英亩（约14.16万平方千米）——大致相当于纽约州的面积。

一只山松大小蠹不会比一粒米大，它会钻入树皮，一直蛀到树干中的活组织才停止前进。雌虫会在那儿进食、产卵，并释放激素，告诉其他的同类："我找到一株合适的树了！"被寄生的树当然也会反击，它们会分泌黏性的树脂来杀死这些甲虫，但通常来说这可远远不够。当这种昆虫钻进树中之后，它们会传播一种名为蓝变菌的病原体，后者能导致树木的维管组织被堵塞，阻碍通向树冠的水分传导。

它们的幼虫待在树皮之下越冬，为了保证不会因为体液冻结而死，它们体内的部分糖类会自发地转化成甘油，这种物质能够起到防冻剂的作用。到了春天，它们会在树皮下化蛹，这时甘油又会重新转化成糖类，提供能量。到了7月，成年的山松大小蠹会羽化而出，经过短暂的交配，新的生命循环会再次启动。这种昆虫能活上一年，除了必需的若干天以外，它们能在树皮下度过一辈子的时光。

典型情况下，这种甲虫会先挑老的、虚弱的或是生病的树木下手。通过先攻击老树，它们的确会增进森林的"新陈代谢"，让上了年纪的树让出地方给下一代。但很多护林员都表示，近几十年来因技术进步，扑灭火灾的速度越来越快，这使得森林里老树的密度越来越大，而不是各年龄层次的树木均衡混杂在一起。现在，这些较老的树木都会受到攻击。一场长时间的严寒能杀死大量在树皮下越冬的幼虫，但近年来的暖冬使得更多山松大小蠹能够安然越冬，进入繁殖期。

山松大小蠹造成的破坏很容易就能看出来。患病的树木在垂死时会变成红色，使得大片大片本该充满生机的松树看起来更像是新英格兰秋季的落叶林。不幸的是，没有好的方法可以控制这种甲虫：其天敌，例如啄木鸟，只能起到有限的作用，当这种害虫暴发时就无能为力了；利用化学药剂来控制，成本高昂到我们也无法承受；而像剥开树皮暴露幼虫这样费时费力的防治方法又不适合大规模开展。目前，护林员们更多把目光放在防患于未然之上，他们或是适当砍伐树木使得森林稍微稀疏一些，或是允许一些天然火灾的发生来丰富树林的年龄组成。但问题是如何处理那些已被侵染的树。有些专家建议，不如将它们做成刨花，当作制酒精的原料，或是压成小球当作火炉的燃料。在山松大小蠹肆虐最盛的温哥华，木板做屋顶的小房子成为2010年冬奥会的一大象征，这些木板全部产自那些受灾严重的森林。

近亲：山松大小蠹属于破坏巨大的小蠹亚科，该亚科中著名的种类还有分布在中美洲、美国南部的南部松小蠹（*Dendroctonus frontalis*）和破坏欧洲中部、斯堪的纳维亚半岛云杉林的云杉八齿小蠹（*Ips typographus*）。

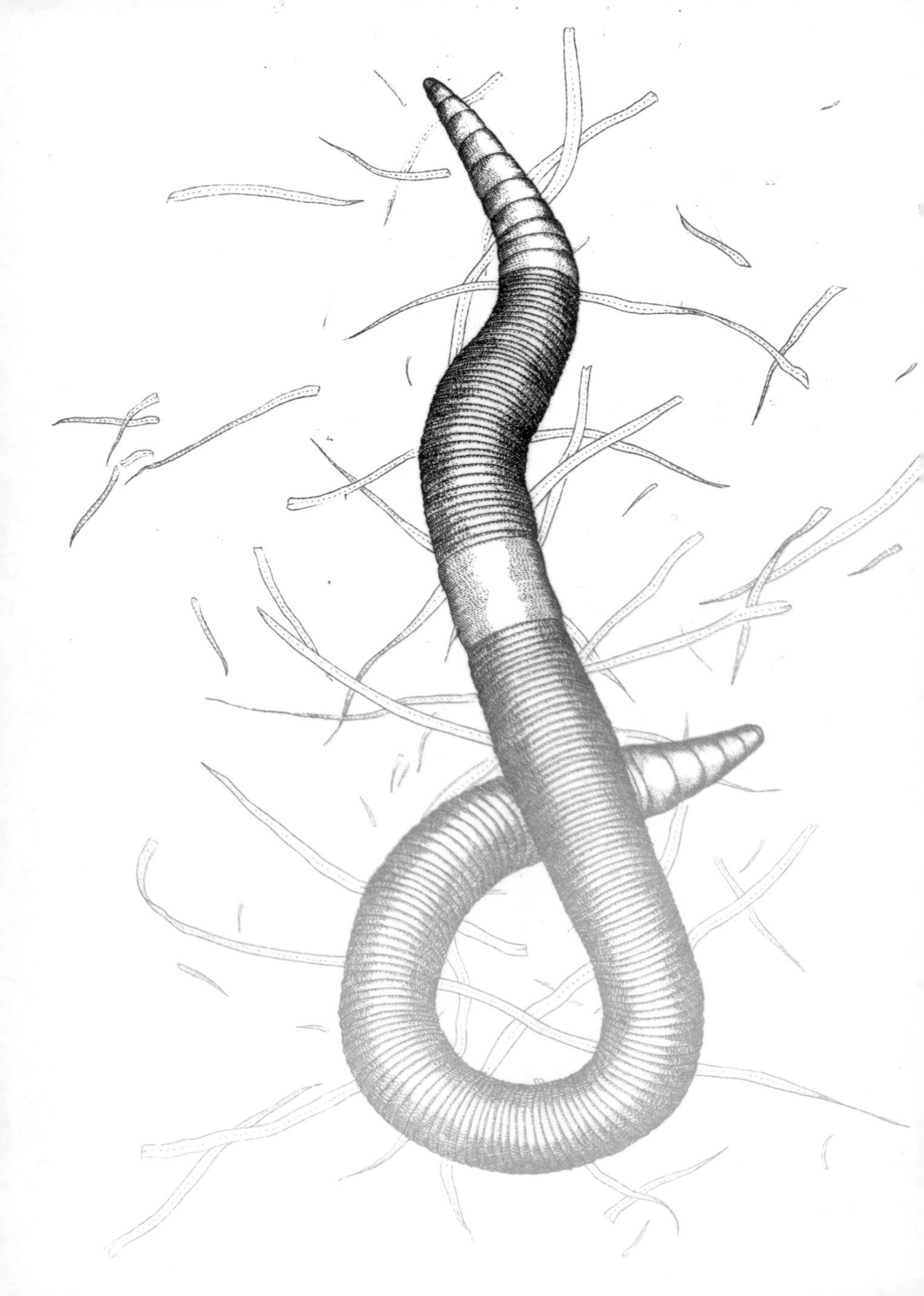

陆正蚓

（*Lumbricus terrestris*）

大小：25 厘米。

科：正蚓科（Lumbricidae）。

栖息地：肥沃潮湿的土壤。

分布：世界性分布。

20 世纪 90 年代，明尼苏达大学的科学家们曾就公众对于该地区森林发生的奇怪变化的疑问作过一次猜测。人们说，肯定发生了什么事，那些生命短暂的林下叶层植物——蕨类和野花——正在消失。树木越来越少，而最显要的是新生的树木在急剧减少。当春天冬雪融化，这里只有光秃秃的土层，人们所期望出现的绿色地毯没有如约而至。看起来，森林停止了自我更新。人们希望林业部门能够找到答案，但科学家们同样疑惑不解。

后来，一个名叫辛迪·黑尔（Cindy Hale）的博士生，在纽约读到了一份关于森林的文章。“文章提到，有一种可能性是，蚯蚓数量的增长会改变林下植物的组成，”她说，“这使得我们最终拿着铲子进入森林，开始掘土。”

对于大多数人来说，一铲子挖到土里找到蚯蚓实在一点都不意外。这不该是恐慌的原因——毕竟，蚯蚓对于土壤来说是有益的。它们能改善土壤的排水，它们让养分的循环持续进行，它们在植物的根系之间扮演了丰富的角色，它们使得有机物能够分解，使得养分能重回大地。农夫和园丁都会夸耀他们的土地中蚯蚓的数量，把这个指标当作土壤健康的指示物。但是，明尼苏达研究组却发现，蚯蚓并非总是如人们所认为的那样有益。坏事儿的是一种欧洲蚯蚓。陆正蚓，在英语中被称作“夜晚爬行者”，在这帮研究者的战利品中个头最大，也最好识别。粉正蚓（*Lumbricus rubellus*），个头稍小，有时被称作“红蚯蚓”，在土壤中也相当之多。最终，研究者在森林的地面下找到了 15 种外来生物。

[蚯蚓并非总是如人们所认为的那样有益。]

在最后一次冰期时，美国明尼苏达州曾被冰川所覆盖，所以它们的森林演化出了一套没有任何蚯蚓的生态系统。在美国的大部分地区，都能找到许多本土的蚯蚓，但是那些最北方的国土对蚯蚓来说却是块处女地——直到欧洲蚯蚓的来临。

欧洲的蚯蚓是夹在土中进入美国的，这些土壤包括进口植物的盆土、船舶的压舱土，甚至牢牢附着在四轮马车轮子上、牲畜蹄子上的土。它们随着移民的迁徙，在美国迅速扩散。现在，美国人的后院中最常见的蚯蚓已经是欧洲蚯蚓了。在大多数的土壤里，这些蚯蚓只干好事——但在明尼苏达州就不一样了。

通过监测，黑尔和她的研究组发现，欧洲的蚯蚓能够把森林秋季产生的落叶层消耗得干干净净。在正常的情况下，落叶的分解会在地面上进行好多年，形成一层海绵状的覆盖物。而对于许多当地的植物来说，它们的种子要发芽、长大，这个海绵层是必需的。但是，腐烂的树叶对于陆正蚓来说就像是蜜糖之于蚂蚁，充满了诱惑。在陆正蚓肆虐的地方，腐烂的落叶层完完全全消失了，只剩下一层薄薄的蚯蚓粪便。

黄精、大花宝铎花、野菝葜以及早草芸香，仅仅是美国明尼苏达州消失的植物名录中的冰山一角。糖枫、红栎木以及其他一些本土乔木、灌木也无法立足于这片不再熟悉的土地中。人类依旧在帮蚯蚓进入五大连湖地区，他们带着作钓饵的活蚯蚓，车胎上沾满厚厚的烂泥。建造高尔夫球场愈发给森林带来危险，林地一亩一亩地消失，蚯蚓们也一寸一寸地向森林挺进。

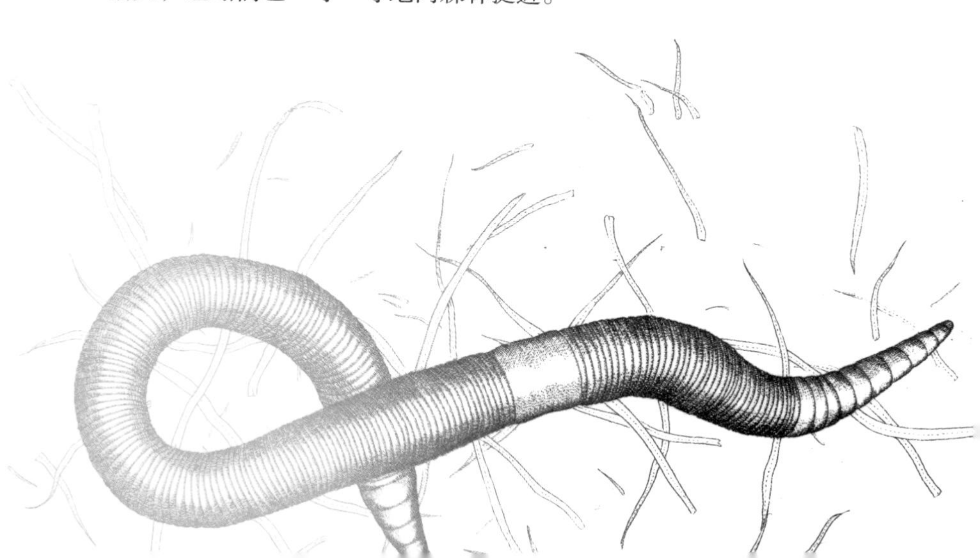

明尼苏达州目前的森林生态系统在演化过程中从来没有接触过蚯蚓，而现在它们正面临着欧洲蚯蚓的入侵，人类能做些什么？蚯蚓没法驱赶，也没法靠建栅栏阻止它们的蔓延。黑尔和她的研究组发现，将鹿从森林中赶出来能稍微缓解一下局势，因为鹿会吃掉一些刚长出的植物。他们指望通过阻止人们用蚯蚓当钓饵来延缓这种生物的入侵。研究者还肩负着这样的任务：告诉公众，蚯蚓这种园丁的好朋友是会带给当地森林危害的。

近亲： 陆正蚓的亲戚包括在肥料堆里寻常可见的粉正蚓（*Lumbricus rubellus*）以及赤子爱胜蚓（*Eisenia fetida*）。

体内的敌人

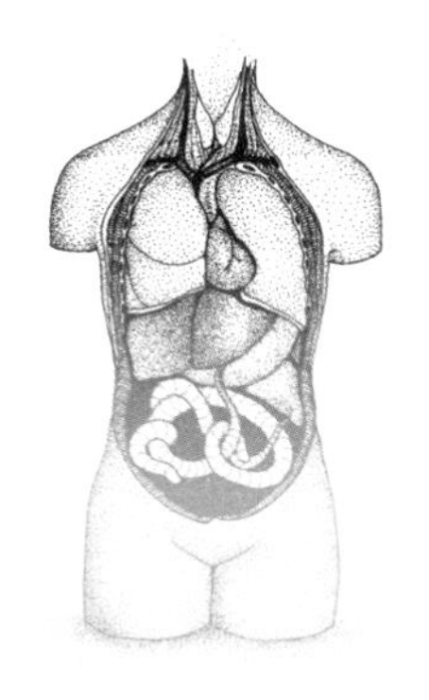

德国医生弗里德里希·屈兴迈斯特（Friedrich Küchenmeister）在1857年出版了一本讲寄生虫的书，在书中他描述了当病人发现绦虫想要离开自己身体时所受的痛苦。“对于病人来说，那些不和屎一起排泄出的绦虫体节，无论如何都会让人烦恼，”他写道，“这些体节会黏附在身体上，它们湿漉漉、冷冰冰的，会让裤子中或是衬裙下的肉体感到很不舒服，这对于病人来说是极大的困扰；妇女们站立或是走路时，也得时时留心，唯恐绦虫体节在她们不经意之间落到地上。”

然而，寄生蠕虫可不只会让穿着裙子的淑女感到窘迫。通常来说，首先它们需要其他一些生物的帮助才能进入人体，这些中间宿主也扮演了决定性的角色。

猪肉绦虫病

2008年秋季的一天，美国亚利桑那州的一个37岁的女人度过了她这辈子最可怕的24小时。她被推入手术室，医生们要从她大脑深处取出一个瘤子。这个手术很冒险，但她没有别的选择：其左胳膊已经麻痹失去知觉了，她也失去了平衡感，甚至难以吞咽食物。这个瘤子最终被取了出来。

手术进行到打开颅骨这一步之后，围绕在病人身边的医疗团队肯定震惊了。外科医生笑了，他发现病人颅内并没有难以对付的肿瘤，于是长舒了一口气。这个女人所受的折磨，全因绦虫。将这些蠕虫清除出来不是个难事。手术之后，病人醒了过来，听到了一个非同寻常的消息：她的脑子里根本就没有什么瘤子。

感染猪肉绦虫，始自吃了生的或是未煮熟的含有绦虫卵的猪肉。在猪的体内，它们的幼虫居住在充满液体的囊泡里，除非进入人体，否则不会变成成虫。一旦人吃了含有这种囊泡的猪肉（也就是我们说的米猪肉——译者注），绦虫幼虫会在受害者的肠壁上定居，在那儿它们会发育为成体，可长达数米。绦虫成虫能够占领肠道长达20年，靠生殖体节释放成千上万的卵，随着人的粪便排泄出去。成年绦虫可能自行离开人体，或是被一些处方药赶出来。

那个亚利桑那州女人很可能是吃了没做熟的猪肉才感染了绦虫病，更可能是接触了含有绦虫卵的粪便。若一个人正好得了绦虫病，且便后没有洗手就去制作食物，绦虫卵就有可能沾在他手上，继而污染食物。若人吞下绦虫卵而不是幼虫，一个非典型性绦虫感染的案例就开始了。被吞下去的卵孵化成幼虫，一开始它们能够在人体内四处游荡，探索人的身体而不是待在肠道当中。它们有能力迁移到人的肺部、肝脏以及大脑中。

虽然猪也能充当绦虫的寄主，并允许它们在自己体内由卵变成幼虫，但人类是猪肉绦虫唯一的终末寄主。这句话的意思是，猪肉绦虫的幼虫只有进入人体，才能发育成成虫。

让医学界震惊的是，泰拉•班克斯（Tyra Banks）近来在她的脱口秀中介绍了一种所谓的“绦虫餐”，这种方法号称服下绦虫卵能让人减肥。事实上，绦虫会导致若干种消化问题、贫血症和器官伤害，这种寄生虫实际上会导致人体重增加而不是减少，这都使得“绦虫餐”非常危险。

据估计，全世界平均每十个人中就有一个人感染了猪肉绦虫，这个比例在贫穷国家还要高得多。目前，在全世界范围内，绦虫进入大脑是导致癫痫的首要原因——只要有更好的卫生设施，就能够阻止这些悲剧的发生。

淋巴丝虫病

淋巴丝虫病常被称作象皮肿，其病因是感染了班克罗夫特氏吴策线虫（*Wuchereria bancrofti*）或马来布鲁线虫（*Brugia malayi*），会导致皮肤增厚并产生皱纹，并且，病人的手臂、腿部、胸部乃至生殖器处可能会出现怪诞的肿胀。全世界约有 1.2 亿人携带这两种寄生虫，其中有 4,000 万人症状很严重。这些线虫必须经历生活在蚊子体内和生活在人类体内两个阶段，才能完成完整的生命周期：它们那被称作微丝蚴的幼体，只有在蚊子体内才能发育成具有感染性的幼虫，而幼虫只有进入人体才能发育成成虫。成年线虫的后代——下一代微丝蚴——必须想办法回到蚊子的体内才能继续成长，完成这个循环。

被携带线虫的蚊子咬上一次，可能并不会被感染，只有被它们咬上数百次，足够数量的雄性和雌性幼虫才能进入人体，找到对方，开始繁殖。一旦它们定居下来，不管疾病发生到何种程度，成年线虫都会进入淋巴系统，使其形成一种蜂巢状组织阻碍淋巴液的流动，导致淋巴丝虫病典型的囊肿。成虫可以活上 5~7 年，交配生产后代，下一代微丝蚴会进入循环系统，期许最终被吸血的蚊子吸入体内，开始新的生命周期。

这种疾病常见于那些贫穷的地区，包括非洲、南美洲、南亚的部分地区、太平洋地区以及加勒比海地区。虽然一次血检就能发现血液中的微丝蚴，但它们的一种奇怪习性会使得这种检测方式不那么稳定：只有在蚊子出没开始吸血的晚上，这种微小的生物才会进入循环的血液当中。白天，它们根本就不可能会被血检发现。而治疗也很难：没有办法除掉成虫，一种一年用一次、叫作异凡曼霉素（Mectizan）的药物，能够杀死它们的后代，阻止这种疾病进一步传播。

但是，每年发一次这种药物却着实不易，尤其是要把它发放到偏远地区或那些常有暴力袭击的国家。现在，公共卫生官员们正在尝试一种新的策略：往食盐里添加除虫药，这样的药盐每包只要26美分。在中国，人们食用这种药盐，靠这个策略除去了淋巴丝虫病。

虽然这种向世界上最贫穷的人群发放药盐的策略看起来很奇怪或是让人焦虑，但它好处多多，除虫药还能杀死额外的几种寄生虫，包括蛔虫、虱子和疥螨。美国疾病控制中心主管消灭淋巴丝虫病的一位官员称这种药物是“穷人的伟哥”，因为除去了寄生虫的骚扰，人们无论是看起来还是实际上都好多了，他们重拾恋爱的心情，获得了治疗的社区甚至会迎来一场生育高峰。“我甚至听说有人给他们的孩子起了‘异凡曼霉素’这个名字。”这位官员对记者说。

血吸虫病

钉螺（*Oncomelania hupensis*）这种水生腹足类要对血吸虫病的传播负责。血吸虫属（*Schistosoma*）寄生虫的卵会从被感染者的尿液或是粪便中排出体外。如果这些废物被排入了河流或是湖泊中，卵就会孵化出来，它们必须进入钉螺的体内，发育才能进入下一阶段。之后，它们会离开钉螺，等待人类蹚水而过，于是乎它们就能钻入人类的皮肤，开始生命的新阶段。

这种被称作裂体血吸虫病或是血吸虫病的疾病，在全世界大约有两亿人感染了。血吸虫病出现得最多的地方是非洲，在中东、东亚、南美洲以及加勒比地区也不鲜见。患病的人会出现发疹、类似流感的症状、血尿乃至肠道、膀胱、肝脏和肺部的损伤。患病的人每年需要吃一片名为吡喹酮的药物，用来缓解症状和阻止疾病进一步传播。每片吡喹酮仅要 18 美分，这种药物——以及改良过的卫生设施——总有一天能消灭这种疾病。

蛔虫病

人蛔虫（*Ascaris lumbricoides*）不需要借助蚊子或是钉螺，自己就能找到进入人类消化道的路。它的体长可超过 1 英尺（约 0.3 米），约有铅笔粗细，它们完全清楚如何照顾好自己。蛔虫寄生在小肠，在那儿它们会住上一到两年。雌虫每天能够产下大约 20 万枚卵。这些卵穿过肛门，沾在凳子上。接触地面后，它们会变成微小的幼虫，找到回到人类身体的入口。这个过程更容易发生在卫生条件差的地区，在那里儿童可能在厕所旁的地面上玩耍。有些社区会用人粪便做堆肥，但若是不得其法，食物就可能被蛔虫卵污染，住在那儿的居民若是不能很好地清洗食物，就容易病从口入。

回到人的体内之后，这种蠕虫会在肺部待上两个星期，之后进入咽喉，在那里它们能够借助人的吞咽进入小肠，长大成年。在最糟糕的病例中，一个人的肠道里最多出现过数百条成年蛔虫。奇怪的是，若是身染蛔虫病的人动手术做了全身麻醉，蛔虫就会变得惴惴不安，它们会通过鼻子或是嘴逃出人体，溜到手术台上。在蛔虫病感染率高的地方，医生们必须在手术前给患者驱虫，以防手术中逃出人体的蛔虫阻塞插管。

虽然大部分体内有蛔虫的人只会感觉到一些温和的症状，但是在一些严重的蛔虫病病例中，患者可能会有呼吸困难、营养缺乏、器官受损以及若干过敏反应这样的症状。据估计，大约有15亿人——差不多是世界人口的四分之一——感染了蛔虫，其中大部分是小孩。每年，有大约6,000人会因蛔虫而死，主要的死因是肠梗阻。蛔虫病通常会在热带或是亚热带地区出现，不过有时也会在美国南部现身。有药物能够杀死这种寄生虫。一种名为苏云金杆菌（*Bacillus thuringiensis*，BT）的土壤细菌，被用来控制土壤中的线虫，如今它的代谢产物也被允许用来治疗蛔虫病。然而消灭这种疾病的唯一确信可行的办法，是改良卫生系统。

麦地那龙线虫病

1988年，美国前总统吉米·卡特因卡特中心的人道主义工作所需访问了加纳的一个小村庄。在那儿，他获得了麦地那龙线虫病的第一手资料。那个村庄里超过一半的人为这种病所累。卡特告诉记者们："我最鲜活的记忆是，一条蠕虫从一个19岁左右的少女的乳房里钻了出来。后来，我听说在那个季度从她体内爬出了11条或更多的麦地那龙线虫。"

麦地那龙线虫（*Dracunculus medinensis*）导致的麦地那龙线虫病是一种古老的灾难，研究者曾在古埃及的木乃伊中发现过这种寄生虫病的痕迹。当人类喝了池塘或是其他不干净的水源里的水之后，寄生在桡足类——一种微小的甲壳动物——体内的麦地那龙线虫就可能会进入人体。桡足类死在人的消化道中，但这种寄生虫可不会，它们会进入小肠定居，慢慢长大，和异性交配。交配以后雄性会死去，但雌虫能长到 2~3 英尺（约 0.6~1 米）长，看起来就像是一根长的意大利面。它会钻入人手臂、腿部关节或是骨骼上的结缔组织中。

> 麦地那龙线虫病是一种古老的灾难，研究者曾在古埃及的木乃伊中发现过这种寄生虫病的痕迹。

被感染的人可能什么感觉都没有，直到一年过去之后。在这个时间点上，雌虫下定决心要离开，它们移动到靠近皮肤的地方，制造出一个水疱——它在几天之后就会破裂。用水沾湿伤口可以缓解水疱破裂后的灼痛感——这正是这种寄生虫所想的。当它的受害者把手臂或是腿放入水中之后，雌虫会迅速从皮肤上露个头，释放数百万的幼虫，完成其生存的使命。最坏的是，这个寄生虫会继续待在人的体内，任何试图将它抓出或是斩断的企图，都会导致它缩回洞中，过后在另外的地方钻出来。

麦地那龙线虫病的治疗并不简单，没有任何药物能够治疗这种病。作为不是办法的办法，人们只能等待寄生虫探出脑袋，战战兢兢地将它粘在或是捆在一个小棒上，这样，它就会卡在人的皮肤上，无法再次回到体内。之后，每天慢慢地将这种蠕虫卷出来一点儿，直到大约一个月之后，它才会彻底被拉出来。

与麦地那龙线虫的斗争过程是异乎寻常的，让人难以忘怀。20多年前，非洲和亚洲有20多个国家350万人感染了这种疾病，但到了现在，只剩下3,500个病人，主要分布在加纳、苏丹和埃塞俄比亚。在消灭这种疾病的过程中，人们学会了用布料过滤饮水，用麦秆吸水喝，这样寄生虫就不会进入人体。

如果现在的努力能够继续下去，麦地那龙线虫病将彻底在人类世界中消失，它将成为世界上第一种被消灭的寄生虫疾病，也是第一种不依靠任何疫苗或是药物消灭的人类疾病。

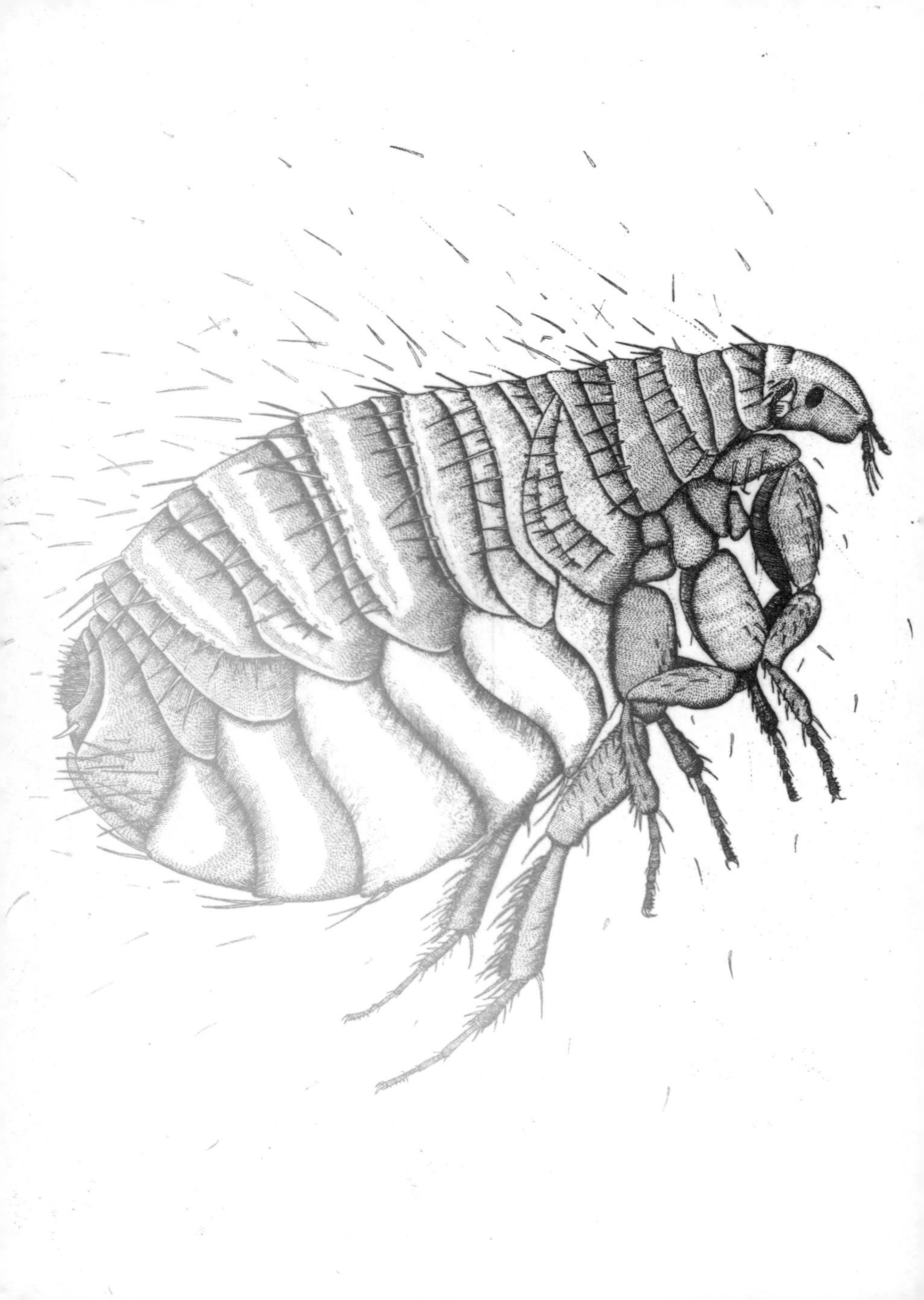

印鼠客蚤

（*Xenopsylla cheopis*）

大小：长达4毫米。

科：蚤科（Pulicidae）。

栖息地：和鼠类——它们首要的食物来源——伴生。

分布：世界性分布，常见于热带或亚热带地区，但只要某地气候温暖，它们就能在那里生存。

1907年秋季的一天，两个男孩在旧金山的一个地下室中发现了死老鼠。受他们父亲从事的殡仪行业的启发，这两个孩子决定为死老鼠找一个棺材，并给它办一个适当的葬礼。这使他们度过了一个快乐的下午——在此之后，他们再也无法如此地无忧无虑了。晚上，他们结束冒险，跑回家吃饭，带回了一个纪念品：一种会传染瘟疫的嗜血跳蚤，它们刚失去寄主，渴求新的血肉。

鼠蚤宁愿离人类、猫、狗以及鸡远远的，但当它们最首要的寄主老鼠大量死亡时——正如鼠疫发生时的情况——这些跳蚤别无他法，只能寄生在别的温血动物身上以获得食物。但这并没有发生在那两个不幸的男孩身上。一个月之后，鼠疫夺去了他们双亲的生命，饶过了这两个孩子，但使他们成为了孤儿。

这只老鼠死于20世纪初的那场突然暴发的黑死病当中，在此之前，一艘名为“澳大利亚”的蒸汽船刚离开火奴鲁鲁，满载着乘客、信件以及感染了鼠疫的老鼠穿越了金门。这些老鼠想办法穿越了城市，定居在垃圾堆、阴沟当中，这些地方在当时还不太干净，适宜病菌、啮齿动物繁殖。老鼠们就像在自己家中一样安逸。很快，唐人街的少数居民身上出现了让人恐惧的征兆：发高烧、寒冷打颤、头痛、全身痛，胳肢窝和腹股沟的淋巴结肿到水煮蛋那般大。不久以后，他们会大量流出黑色的淤血，到了这个阶段，就听得到死神的脚步声了。

跳蚤和这种令人恐惧的疾病之间的关系在19世纪后半段就被发现了，但其准确的作用方式还是一个谜。直到1914年科学家研究了跳蚤的内脏，终于搞清楚了它们是如何如此迅速又有效地传播瘟疫的。科学家发现了跳蚤内脏中的异常阻塞，这全拜鼠疫耶尔森氏菌（*Yersinia pestis*）所赐，病菌对跳蚤的改造达到了异乎寻常的程度，使得它们能够吸血却咽不下去。跳蚤将寄主的血液吸入食管，在那

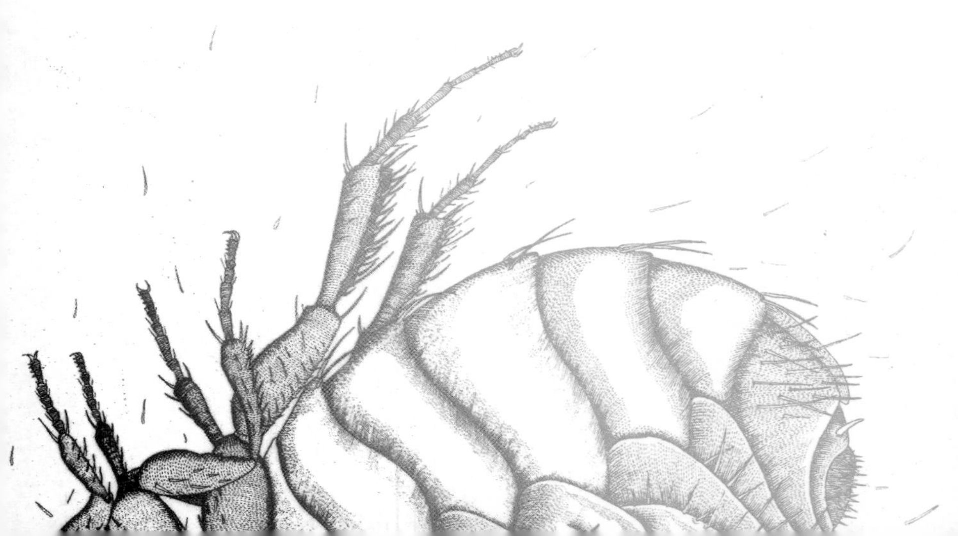

儿和鼠疫病菌混合。因为无法咽下食物，跳蚤会反刍出血液，将其吐回寄主体内，鼠疫病菌就如此进入了寄主的血液循环当中。鼠疫的真正元凶正是跳蚤的呕吐物。

这还没有完：跳蚤因为咽不下血液，会变得非常饥饿，它们四处狼吞虎咽，从一个寄主身上移动到另一个寄主身上，只为了填饱肚子。虽然鼠疫病菌并没有直接杀死跳蚤，但它却让跳蚤饥饿、疲劳致死。

印鼠客蚤是8种能够传播鼠疫的跳蚤之一。这次被称作巴巴利鼠疫的流行病本来可以杀死更多的旧金山居民，但有一件事却幸运地救了大家：印鼠客蚤在能传染鼠疫的跳蚤中，是少数派。这种在巴巴利鼠疫中最常被发现的跳蚤的食道，并不总会被鼠疫病菌堵上，它们也不总是会反刍出含有鼠疫病菌的血液。

> 一个月之后，鼠疫夺去了他们双亲的生命，饶过了这两个孩子，但使他们成为了孤儿。

鼠疫由大约两万年前温和的肠胃病菌逐渐演化成了毁灭性的流行病，它数次闯入人类文明当中，引发了毁灭性的后果，它杀死的人的数量，远比所有战争致死的人数加起来还要多。查士丁尼大瘟疫，暴发于公元6世纪，席卷了欧洲和非洲，杀死了4,000万人，占当时世界人口的五分之一。当它再出现于中世纪欧洲时，被称作黑死病。它肆虐了两个世纪，杀死了大约三分之一到一半的欧洲人。

那时的医生相信，这种瘟疫是通过空气传播的。他们命令病人们不许打开窗户，并且不能洗澡，当时的人相信这样就能让身体不暴露在讨厌的空气当中。关上窗户挡不住瘟疫，但可以挡住空气中的臭味。死人和将死之人散发出的臭味是人们无法忍受的：在伦敦这样的大城市中，人们别无选择，只能将尸体堆积在墓穴当中，浅浅地埋葬。在如此脏乱的环境中，老鼠得以兴盛。讽刺的是，在那个时代猫被当作女巫的伴侣，所以它们都被杀死了。中世纪对猫的破坏，几乎让老鼠完全没有了天敌，其实在当时欧洲人完全可以利用猫的高超捕猎技巧灭鼠。

> 鼠疫的真正元凶，正是跳蚤的呕吐物。

20 世纪初，那场鼠疫自中国传播到了印度再到美国。鼠疫病例依旧零星出现在美国西南方，但在病情发生伊始，现代的抗生素就能将其治愈。

近亲： 猫栉首蚤（*Ctenocephalides felis*）、犬栉首蚤（*Ctenocephalides canis*）都是印鼠客蚤的亲戚——但在美国，猫、狗身上的跳蚤通常都是猫栉首蚤。据人类所知，这两种跳蚤都能传播绦虫病给猫、狗乃至人。

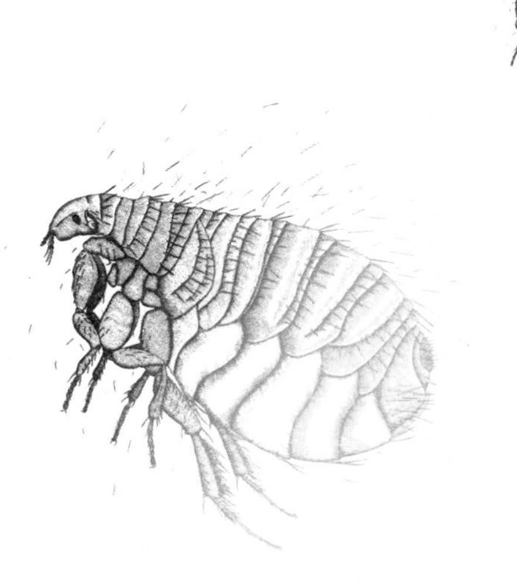

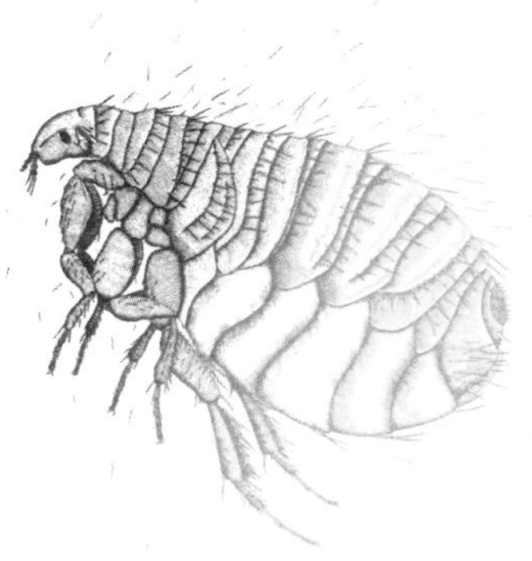

隐翅虫

（*Paederus* sp.）

大小：6~7毫米。

科：隐翅虫科（Staphylinidae）。

栖息地：森林、牧场、水边等潮湿的环境中。

分布：几乎是世界性分布，尤其在印度、东南亚、中国、日本、中东、欧洲、非洲和澳大利亚很常见。

1998年那场严重的厄尔尼诺事件带来的雨季给肯尼亚首都内罗毕带来的灾难可不仅仅是洪水而已：湿润的天气导致了毒隐翅虫（*Paederus* sp.）的暴发，这种又叫作内罗毕飞虫的生物在这片土地上聚群飞舞了很长时间，集会、交配。这种甲虫被灯光吸引，蹑手蹑脚地爬进教室或人居。隐翅虫不咬人，也没有蜇人的针，所以它们的出现并不会造成多大的刺激。直到灯光熄灭，它们会降落在光源下面，如果那里坐着或是躺着一个人，这些虫子就会落在人身上——感觉到有虫子落在身上，人类的自然反应是一巴掌拍上去。然而，只要这种虫子被碾碎了，就会出人意料地释放出一种毒素——隐翅虫素。

毒液刚接触皮肤时啥事也不会发生，但到了第二天，那块皮肤上会发疹子，再过一两天会有水疱出现。这会造成几周的疼痛，然后水疱会破开，皮肤就会开始自愈，但是如果伤口不保持干净，就可能感染。一只隐翅虫可能会造成皮肤上的一块小疤痕。若是毒液被揉进眼睛当中，会造成剧烈的疼痛和临时的眼盲，这种病症被称作“内罗毕眼”或是班蝥汁性结膜炎。肯尼亚的问题发展得太严重了，于是政府的公共健康部门发出了警告，建议居民在晚间关上灯，睡在蚊帐当中，当虫子落在皮肤上时轻轻吹走而不是拍死。健康官员称这种策略为“吹走，不要拍死”。

在伊拉克，这种虫子在夜间会被军队驻地中的光线吸引，云集在灯的周围。

对于美国驻扎在全球各地的驻军来说，隐翅虫皮炎的暴发是件恼人的事情，灯光会吸引这种甲虫，士兵们可能不会注意到它们的危险性。在伊拉克，这种虫子在夜间会被军队驻地中的光线吸引，云集在灯的周围。为了让驻扎在军事基地中的士兵不因这种虫子出现非战斗性减员，一种电子灭虫器被广泛运用，它的灯光会吸引隐翅虫，但其电击却不会杀死它们。上级鼓励士兵扣上制服的扣子，并且不要卷起袖管，但是在沙漠的热浪中，这可不是件容易的事。

隐翅虫是一种不大的细长虫子，它们的身体红黑相间，其翅膀非常短，看起来一点都不像是翅膀（有些种类甚至没有飞行的能力）。它们很容易被误认作蠼螋或是大蚂蚁。虽然一大群隐翅虫很讨人厌，但它们会捕食一些更小的虫子，包括一些危害较大的农业害虫，所以尽管对在田地里工作的人有一定的风险，但农夫们依旧欢迎它们。

一个神秘的传说讲的是有种鸟会排泄出有毒的粪便，有些人推测，这个传说的源头就是隐翅虫。克特西亚斯（Ctesias），是公元前5世纪的一位医师，他留下了一本记录印度的书，其中提到了从某种橙色小鸟排泄物中提取的毒药。“它的排泄物有种奇怪的特性，”他写道，“只需要往饮料里加上小米粒那么大一块，在夜幕降临时就可以杀死一个人。”没有任何人能找到这种被克特西亚斯称作“dikairon”的毒鸟。有些历史学家认为，那种传说中的毒药其实并非来自鸟的排泄物，而是来自于黑色、橘黄相间的隐翅虫，它们有时会出现在鸟巢中，于是会被误认为是鸟的排泄物。一种类似的甲虫，见于中国传统医学中从公元739年就开始使用的一种毒药，它的药性足够除去刺青，治疗疖子和癣菌病。如今，隐翅虫依旧被当作药物使用：它们体内的有毒物质——隐翅虫素——能够阻止细胞生长，科学家们正在研究它在癌症治疗中的潜在作用。

近亲：在全世界的范围内，隐翅虫属下共有720个物种，它们都隶属于隐翅虫科。同一个科中，还有异味迅足甲（*Ocypus olens*）这种大型欧洲甲虫，它的英文名翻译过来就是“给恶魔当马拉车的甲虫”，它看起来凶神恶煞的，如果被激怒，会狠狠地咬上一口，但除此之外，这种甲虫没法造成什么别的伤害了。

食尸者

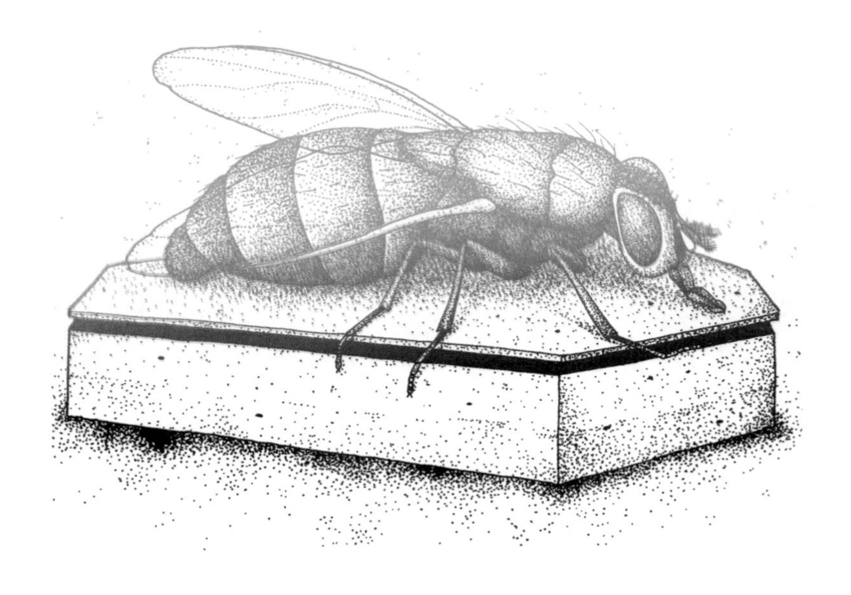

法医昆虫学——一门利用昆虫来确认死亡时间、地点、环境的科学——并非是一门很新的学科。在《洗冤录》这本成书于 1235 年的中国古籍中提到过如何在犯罪调查中利用尸体上飞舞的苍蝇群。书中甚至记录了一个靠观察苍蝇侦破谋杀案的例子：将村民们集合在一起，让他们把镰刀交出来以供检查，落到杀人的那把镰刀上的苍蝇会特别多，可能是因为凶器上会留下死者的血液和组织。面对这个证据，那把镰刀的主人不得不坦白自己的犯罪经历。

现在，类似的探案方法依旧被人们使用着。2003 年，两名美国 FBI 探员一同拜访了加利福尼亚州大学戴维斯分校的昆虫学家林恩•基姆西（Lynn Kimsey）。他们想让基姆斯帮忙搞清楚一辆车的散热器和空气滤清器中碾碎的虫子的种类，好推测这辆车穿越了哪些地区。警方怀疑一名叫文森特•布拉泽（Vincent Brothers）的男子从俄亥俄州开车到加利福尼亚州谋杀了他的家人。他声称自己从来也没有离开过俄亥俄州。基姆西同意去看看。

车里有大约 30 种不同的昆虫，但它们都残缺不全，基姆西不得不依靠翅膀、腿的碎片以及被碾碎的躯体做出鉴定。终于，她发现了几种只有车往西边开才能遇到的虫子：其中一种是蚱蜢，一种是胡蜂。2007 年，她为本案出庭作证，其间耗费了 5 个小时，陪审团终于认定了布拉泽是杀人凶手。

法医昆虫学最普遍的作用是确定死者死亡的时间。通过仔细鉴别尸体上虫子的种类，并结合气象资料等犯罪现场的其他信息，是可以估计死者死了多长时间的，并且其结果不受死者死之前是否受伤、死后尸体是否被移动等特殊情况的干扰。

丽蝇

丽蝇也叫作腐蝇，它们从属于丽蝇科（Calliphoridae）。这种蓝绿色的苍蝇拜其能够在几百米远处闻到腐尸味道的嗅觉所赐，通常是命案发生后第一个凑上来的生物。据资料记载，丽蝇能够在人死后大约 10 分钟时赶到现场，并在尸体上产下数千枚卵。搞清楚卵发育到什么程度，孵化了多少，幼虫成长到了哪个阶段，都能够帮助我们推测出死者死亡的时间。通常来说，它们不会很快告诉你答案。昆虫学家需要收集卵，等待它们孵化，记录时间，以此作为依据反推出死者的死亡时间。

丽蝇属（*Calliphora*）的苍蝇只需要很短的时间就能由卵孵化成幼虫再化为蛹，在天气比较热的时候这个过程还会加速。所以对于调查者来说，搞清楚案发后几天的温度是很重要的，只有把这个数据和蝇蛆的尺寸联系起来，才能够正确地推算出时间。

可卡因也能够加快蝇蛆的生长。昆虫学家 M. 李 • 戈夫（M. Lee Goff）曾被召唤来协助调查一桩发生在美国华盛顿斯波坎地区的谋杀案。案件中有一个关键证据，在戈夫到来之前一直没有搞清楚。命案现场发现了一些个头很大的蝇蛆，若按正常速度推算这些蝇蛆已经 3 周大了，但是另外还发现了一些个头很小的蝇蛆，按后者的大小推算命案也就发生在数天前。戈夫确定，那些个头很大的蝇蛆都出现在死者的鼻子周围，而在死之前，那个人吸过可卡因。蝇蛆大小出现差异的原因搞清楚了，于是警方也能确定死者的死亡时间了。

隐翅虫

当尸体进入一个不太新鲜的阶段时，隐翅虫科（Staphylinidae）的虫子也会被吸引过来。蝇蛆对于它们来说是不可抗拒的诱惑，这就意味着，狼吞虎咽的隐翅虫会把第一拨出现的苍蝇留下的证据给吃掉。

葬甲

葬甲属（*Nicrophorus*）的昆虫会被气味吸引，它们会找到那些能够被它们埋葬的尸体。这么做，都是为了进行它们特有的生命活动：当葬甲找到了一只死鼠、死鸟或是其他的小动物尸体时，它们确实会挖一个洞，从尸体上扒下毛皮或是羽毛铺在其中，建造成一个“地窖”。通常来说，若干对葬甲会合作，花上一个白天来埋葬尸体。当尸体被埋好后——这能使它不被其他食肉动物吃掉——雌虫会在“地窖”中产卵，这样一来当它们的幼虫破壳之后就能拥有稳定的食物来源。葬甲甚至会逗留在它们埋葬的尸体周围，就好像是在孵蛋一样，这使得它们成为少数能够照料下一代的昆虫之一。

就人类的尸体来说，这种甲虫通常会出现在躯体的下方，掩埋一些小肉块，这有可能会破坏掉一些重要的线索。如果尸体实在太大以至于无法埋葬，它们会在其中产卵。曾有过葬甲在刺伤的创口里繁殖的实例。有时，它们会捕食苍蝇的幼虫，而它们身上携带的一些小螨虫可能会以蝇卵为食。所以，葬甲一旦出现，会干扰人们通过蝇卵或是蝇蛆获取信息。

螨虫

与此同时，螨虫也会登场。首先出现的种类是革螨，它们趴在甲虫的身上来到尸体旁，以第一拨飞蝇的卵为食物。在此阶段稍晚一点的时候，腐食酪螨也会出现，它们会以霉菌、真菌以及尸体的皮肤碎屑为食。

皮蠹

皮蠹科（Dermestidae）的若干种虫子被称作后期食腐者，因为它们通常会在死者死亡几个月后才出现。这些甲虫曾被一些自然博物馆拿来处理动物尸体，被吃得干干净净的骨架正好用作展览。在更后期的阶段，郭公虫科（Cleridae）的生物会出现，它们能够大批出现在干肉当中，因此也被称作火腿甲虫。郭公虫出现在坟墓中不稀奇，研究者甚至在古埃及的木乃伊中发现过这种虫。

通过检查尸体中的昆虫种类，我们有可能推断尸体什么时候死亡以及是否被移动过。

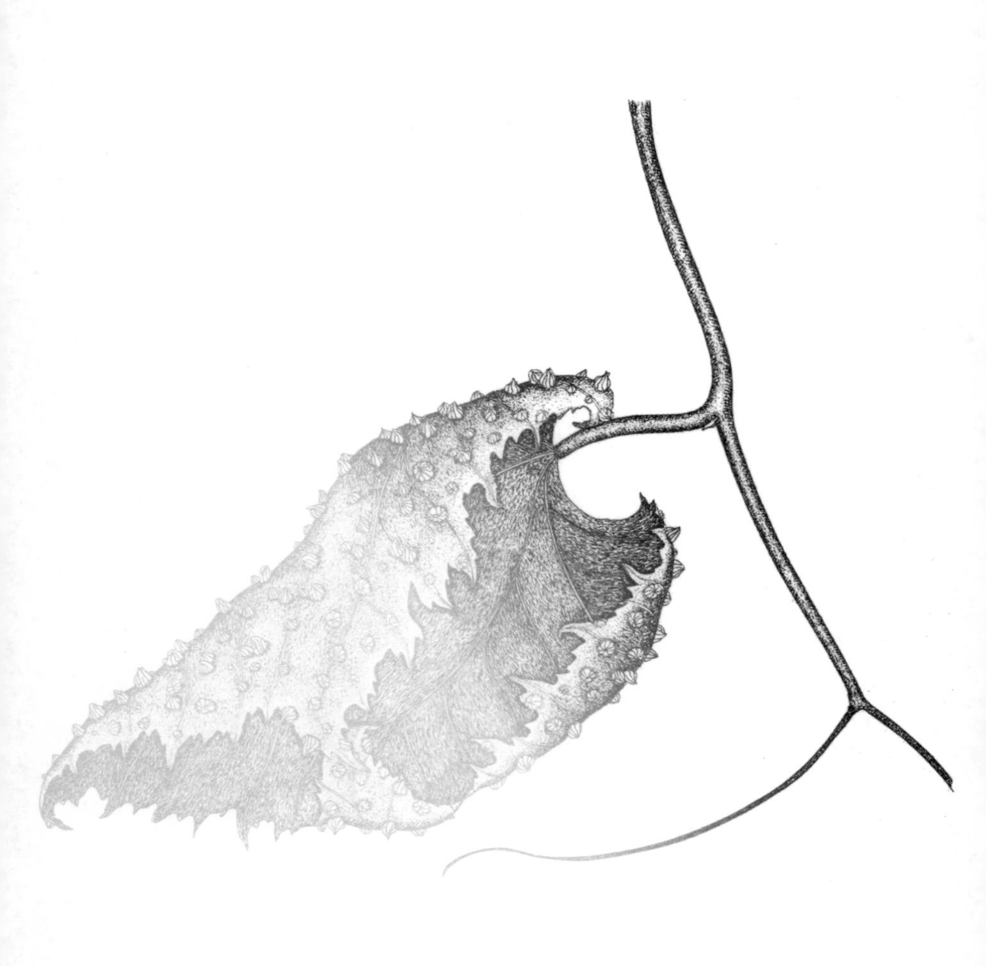

葡萄根瘤蚜

（*Daktulosphaira vitifoliae*）

大小：1毫米。

科：根瘤蚜科（Phylloxeridae）。

栖息地：葡萄园。

分布：世界性分布，出现在各种盛产葡萄酒的地区，包括美国、欧洲、澳大利亚以及南美洲的部分地区。

19世纪中期，法国葡萄酒制造业控制着全世界的市场。三分之一的法国公民依靠葡萄酒维生。优良的葡萄品种，肥沃的土壤，加上优秀的制酒工人，使得法国的葡萄酒质量特别好。法国的医生建议病人每天喝3次葡萄酒，而不要喝茶或是咖啡。人们也乐于这样做：平均每个法国公民一年要喝上80升葡萄酒，或者说大约100瓶。

然后美国人来了。

美国原产的葡萄藤做不出好葡萄酒，所以美国人引入了欧洲的品种以发展自己的葡萄酒产业。法国人也借机种植了一点美国葡萄藤，这可能是出于对新品种的好奇，他们也并没有把这当一回事儿。这种交换看起来是一段意气相投的友谊的开始——直到一大堆麻烦从美国葡萄藤里爬了出来。

美国人注意到，那些种植在美国土地上的葡萄藤有时长势很差。叶子由绿变黄，干枯死去。当死去的葡萄藤被挖出地面后，农民们找不到寄生虫或是病害的迹象。更让人害怕的是，法国的葡萄藤也开始受到同一种疾病的侵害。一场跨越国际的调查开始了，研究者试图找出问题的真相。

1868年，法国植物学家终于找到了罪魁祸首：一种蚜虫状昆虫，它们被称为肆掠根瘤蚜（*Phylloxera vastatrix*，后来这种生物被重新取名为 *Daktulosphaira vitifoliae*，即葡萄根瘤蚜）。这种害虫会在植物活着的时候吸吮汁液，当植物死了后就转身离开，这就解释了为何人们之前从未在死去的葡萄藤上找到过害虫。之后，人们搞清楚了葡萄根瘤蚜是搭着美国葡萄藤的顺风车来到了法国。但到了这个时候，法国人脑子里只想着两件事：如何消灭这种昆虫，如何恢复他们的葡萄酒行业。首先，他们需要弄清楚根瘤蚜的生命周期。

法国人发现，这种虫子的生命周期非常奇异，远超他们所知的任何生物。一切都从被称作“干母”（fundatrix）的雌性根瘤蚜开始，当它从卵中孵化后，会立即开始吮吸它脚下那片树叶的汁液。这种行为会刺激寄主，使其激素分泌发生改变，受伤的部位出现防御性生长。这一连串反应的结果就是寄主会长出一个包裹着干母的虫瘿。不久之后，这只雌虫成年了。它从来没有和雄虫约会过，更遑论交配，但它仍然能够在虫瘿中产下500枚雌性卵，然后安然逝去。

下一代雌性孵化后会重复这一过程，促使寄主产生新的虫瘿，无需交配产下大量的卵。这个过程会持续几个月，大约会产生5代蚜虫，它们产下数量惊人的卵，然后死去。在这一季结束之时，一个根瘤蚜干母的后代能达到数十亿，它们一直吸吮着葡萄藤的生命。当季最后一代根瘤蚜会落到地上，占领葡萄藤的根。每盎司（约 28 克）活葡萄根上可能居住着一千只根瘤蚜。它们中的一些能够安然度过冬天，到了春天，这一代蚜虫会长出翅膀，通过飞翔扩散到邻近的葡萄园中。一部分有翅蚜虫依旧会产下雌性卵，而其他的一些会产下雄性卵。接下来的一代蚜虫孵化后只有一个目标——完成它们先辈没有经历过的有性生殖。雄性根瘤蚜不进食——它们甚至没有嘴巴或是肛门——所以它们在死之前除了能交配之外一无是处。而这一代雌性有能力产下干母卵，它们能够重启整个完整的生命周期。依靠如此彪悍的繁殖力，根瘤蚜无需多长时间就能够让整个葡萄园血流殆尽，使得葡萄藤干枯而死，而它们导致的继发性真菌感染，能够确保葡萄丰收成为浮云。

这样的生命周期虽复杂，但人们毕竟给弄明白了。但是，接下来该怎么做，这个问题却让人十分恼火。虽然很难让法国人承认，但想要解决这个让他们陷入困境的难题，方法只有一个，就是改变葡萄的种类。美国原产的葡萄藤天生就能抵御这种美国害虫，将欧洲葡萄藤嫁接到乱七八糟的美国葡萄藤的根砧木上，是挽救法国葡萄酒行业的唯一方法。

但是，葡萄酒的口味会改变吗？ 1878 年，法国科学家

朱尔斯·利希滕斯坦（Jules Lichtenstein）坚定地说：“法国原产的葡萄藤被毁灭了……但是法国的葡萄酒必将再起，重生于有抵抗力的美国葡萄根之上。”法国葡萄酒的确被美国葡萄藤从葡萄根瘤蚜手中拯救了下来，再次统治了全世界。但是即使是今天，那些从没有改造过的葡萄藤（包括西班牙人数个世纪前在智利留下的若干种）上结出的葡萄酿造出的稀有葡萄酒，依然受到行家们的热烈追捧。

近亲：根瘤蚜和其他的一些拥有刺吸式口器的昆虫是亲戚，它们和蚜虫、叶蝉、蝉一样，都隶属于半翅目（Hemiptera）、同翅亚目（Homoptera）。

法国人唯一关心的是找到一种方法来杀死昆虫，恢复他们的葡萄酒工业。

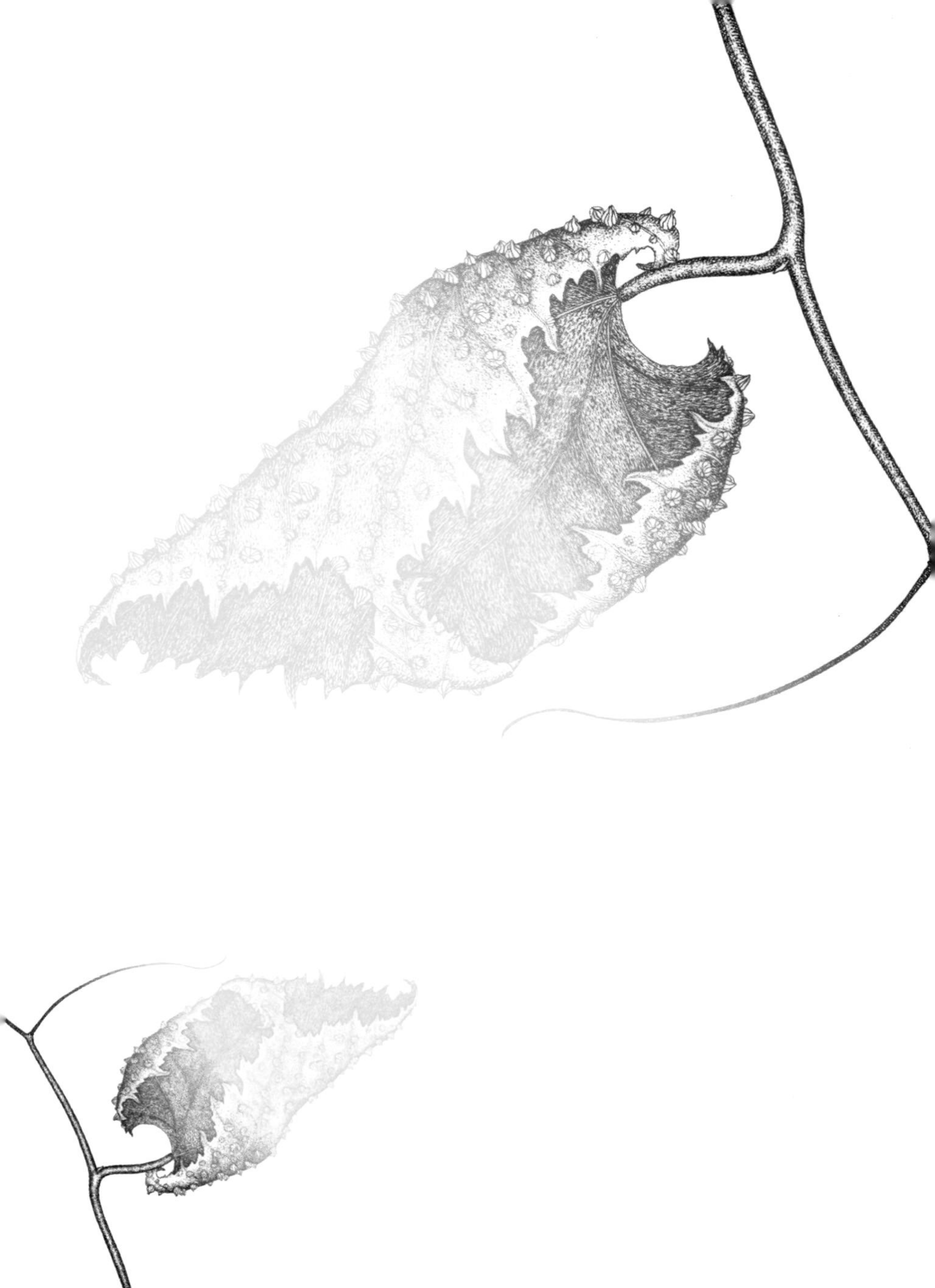

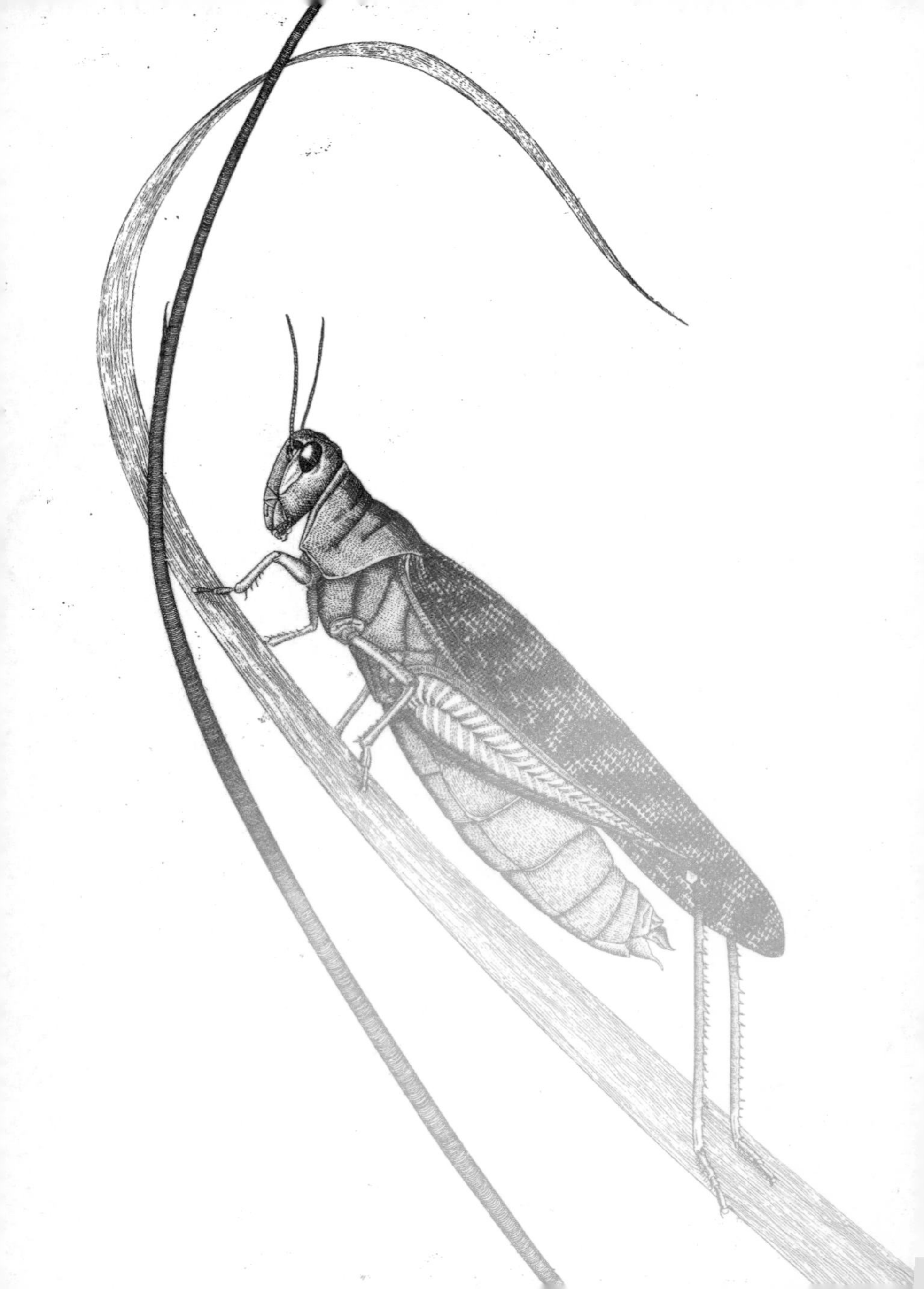

落基山蝗

（*Melanplus spretus*）

大小：35毫米。

科：蝗科（Acrididae）。

栖息地：美国西部的牧场或草原。

分布：北美。

1875年的夏天，一场蝗灾横扫了美国西部。农夫们恐惧地发现，一片黑色的阴云出现在地平线上，其移动之迅捷甚于暴风雨，猛烈超过龙卷风，快速席卷而至，遮蔽了天空。光线暗淡了下来，太阳消失不见，天空中满是奇怪的嗡嗡声和噼啪声，突然，蝗虫一瞬间全降落了下来。

一切都发生得太快了，父母唯一能做的是找到他们的孩子，寻找掩护。成群的蝗虫扫荡了玉米地的每一寸土地，覆盖在民居、仓库之上，吃光了乔木、灌木上的叶子，甚至成群地闯入室内，使得墙壁上、走道上都被铺满了。这场突袭似乎没有终结：每到一地，数百万只蝗虫从天空中落下，但依旧有更多的蝗虫接着迁徙，一个城镇接着一个城镇地扫荡下去。

蝗虫群的体积无法确切地统计。但有目击者报告说，树枝都被落在上面的蝗虫压断了。地面上满满地覆盖着一层6英寸（约15厘米）厚的虫子。蝗虫阻塞了河流，成吨成吨的尸体被冲进了大盐湖当中，被盐水泡烂的虫尸在湖边制造出一条6英尺（约183厘米）高、2英里（约3.2千米）长的腐尸之墙。

> 一切都发生得太快了，父母唯一能做的是找到他们的孩子，寻找掩护。

据估计，这片凶暴的“乌云”的面积有512,818平方千米——比美国加利福尼亚州还要大——其中大概有3.5兆只蝗虫。它们摧毁作物的速度惊人，繁殖的效率奇高：在每平方厘米土壤中能产下23枚卵。即使是一小部分蝗虫生存了下来，一个一般的农场也会被吃得一点作物都剩不下来，它们在土中产下的卵能够生产出3,000万只后代。到了春天，大量的蝗虫会破卵而出，钻出土地，使得地面就好像是沸腾了一样。

蝗灾在大平原上造成了广泛的饥饿和贫穷。有些州主动提供给农夫们一些蝗虫奖金，只要他们能上交一定量从受灾区抓住的若虫或是挖出的虫卵，就能得到一小笔钱，这也成为了一些赤贫的公民的收入。有些机敏的农夫开始养殖大群的鸡或是火鸡，他们希望利用这种免费的蛋白源，使得悲剧变成机遇。但最终，这些傻鸟不停地捕食蝗虫，竟然把自己给撑死了。蝗虫吃多了，甚至能改变家禽的肉质，使得它们不能再被食用。农夫们在他们的土地上放火，或是用火油浸湿土壤，他们用上了自己能找到的任何毒药，但毫无作用。蝗虫在19世纪末依旧在这片土地上四处肆虐，所到之处，土地都化为白地，居民都难免变得赤贫。

当年，人们对落基山蝗这种生物所知甚少。昆虫学家现在知道，蝗虫只不过是生活在巨大生存压力之下的蚱蜢。俄罗斯昆虫学家鲍里斯·犹瓦洛夫在1920年证明，在遭受生存压力时，一些确定种类、看起来非常普通的蚱蜢会出现异于寻常的改变。

蚱蜢通常独自觅食，当食物丰沛时，它们的活动范围很大。但是在干旱时期，这种生物会挤在一起，它们体内的化学物质会发生变化，导致雌性产下非常不同的卵。这些卵孵化出的若虫会发育出更长的翅膀，它们倾向于密集地生活在一起，集群迁徙，而这样的蚱蜢产下的卵能够度过更长的休眠期。它们的颜色甚至也有所改变。大致上说，比较温和的稳定型蚱蜢种群会变得完全不同——成为具有迁徙性、吞噬所遇到的一切、造成灾害的蝗虫群体。

蝗虫如潮水般快速涌现，大人们不得不抱起孩子前往庇护所。

这就解释了为何定居者在蝗灾发生之前从来没有见过这种蝗虫，也解释了为何人们总认为蝗灾的来源很神秘。它们是人们完全不熟悉的生物，但这些蝗虫原本只是一些寻常可见的普通蚱蜢，只不过“变形”成了人们之前从未见过的深色的巨大入侵者。

但更让人迷惑的是，它们突然消失了。到了 20 世纪，这种蝗虫的群体变小了，最终科学家认识到，它们全部绝迹了。落基山蝗自从 1902 年至今再也没有被发现过。尽管在大萧条时期的美国西部其他种类的蚱蜢也集群成为扰人的蝗虫过，但相比落基山蝗，它们完全称不上具有破坏性，出现得也不广。

现在，科学家认为农夫们通过一项他们最擅长的工作灭绝了这种蝗虫——农事。当高草地被开垦成为玉米田或是牧场，农夫们破坏了这种蝗虫赖以生存的繁殖地，落基山地区一系列肥沃的河谷现在都居住着人类，他们在那里耕作。目前落基山蝗应该是灭绝了——对于美国的农民们来说，这是不折不扣的好消息。

近亲： 并非所有的蚱蜢都会转变成蝗虫。全世界共有 1.1 万种蚱蜢，但是据人类所知，仅有大约十几种蚱蜢在受到生存压力时，能转变成蝗虫。

别怕象鼻虫

美国内战时期的士兵肯定都有这个感觉：相比和敌军交战，他们同虫子打仗的时间要更长。从住在他们衣服当中的虱子，到能传染疟疾和黄热病的蚊子，再到出现在补给品中扰人的象鼻虫，昆虫

搅得他们永无宁日。其中,象鼻虫虽不是士兵能遇到的最危险的虫子,但是它们却是最能打击士气的一种。

北方士兵携带的口粮中有种硬面饼,是由面粉、盐混合后制作而成的。它又厚又干,不是那么好吃,但只要这种硬面饼不被打湿,就不会发霉,能够保存很久——虽说在战争中口粮完全不被打湿很困难。但即使没被打湿也没有发霉甚至没有开包,硬面饼中仍经常会有象鼻虫出现。士兵们想了许多办法,试图把象鼻虫赶出食物,例如,吃之前用咖啡浸一下,象鼻虫就会浮出水面,再拿勺子撇出来就什么也不会浪费了。但通常来说他们也没心思这么做,于是这些虫子就成为了口粮的一部分。一个士兵曾说:“这些硬面饼中自带高蛋白。”这个士兵还表示他比较喜欢吃熟肉,说完就把硬面饼烤了烤,吃了下去。

士兵们经常开玩笑说他们不需要自己背干粮,因为里面虫子实在太多了,多到它们能够背着食物走路。但是在笑话背后,却是满腹牢骚和压抑的怒火。1863 年 8 月,加尔维斯敦岛上的士兵哗变了,他们抗议军饷被克扣,受不了得克萨斯州夏季无休无止的炎热,但最不能忍的是一直吃“又馊又脏、象鼻虫才吃”的粗磨玉米粉做的食物。

象鼻虫是一类植食性的小昆虫,它们拥有长长的向下弯曲的吻部。有些种类因为它们破坏性的习性,改写了人类的历史。

仓廪谷象
Sitophilus granarius

仓廪谷象也称小麦象鼻虫，它们能在麦粒上咬一个洞，往里产一枚卵，之后再用特殊的分泌物将其堵住。在成年之前，它们的幼虫会一直住在麦粒中，羽化之后便咬出一个出口，寻找配偶交配，接着下一代仓廪谷象就诞生了。它们是在士兵补给中的硬面饼里最容易出现的象鼻虫。

米象
Sitophilus oryzae

尽管这种生物的名字中有个“米”字，但米象不只会为害稻米，它们还吃玉米、大麦、黑麦、豆子以及坚果。米象原产于印度，但是现在全世界的粮仓中都可能看到它们的身影，尤其是在温暖的地区。和仓廪谷象类似，它们也会在谷粒上钻洞产卵，使得后代难以被发现。这种生物只有 2~3 毫米长，能很好地在它们侵害的谷粒当中隐藏。

棉铃象甲
Anthonomus grandis

可能棉铃象甲是全世界最知名的象鼻虫，这种棕色的小生物和指甲盖差不多长，在 1892 年穿越了墨西哥的边界进入了美国，开始迅速吞噬美国的棉花种植业。单单是在佐治亚州，棉花年产量从巅峰期的 280 万包跌落到仅仅 60 万包。1922 年，棉铃象甲吃掉了 620 万包棉花。在大萧条时期，这种昆虫失去了控制，在情况好转之前很多农民甚至放弃了自己的土地，放弃了以农为生。而其他的一些农场借机改变盈利模式，人们种植花生或是其他的作物，而这被证实是有利可图的——这也彻底地改变了美国南方。亚拉巴马州的恩特普莱斯城甚至专门为象鼻虫竖了一个碑，纪念这种生物在推动该城放弃种植棉花、普及更有利可图的种植业中扮演的角色。

自从来到美国，棉铃象甲总共给棉农造成了 910 亿美元的损失，或者说它们每天造成的损失就超过 200 万。农民们曾用各种毒药织成了一张火力网撒向这种害虫，他们用过砒霜混合糖浆自制的杀虫剂，用过砷酸钙粉末杀虫剂，最终用上了 DDT 等第二次世界大战后出现的杀虫剂。但象鼻虫们总能进化出针对这些化学试剂的抵抗力，甚至那些药剂在被禁止使用之前，就已经失去了杀死这些害虫的能力。从 1980 年开始，美国农业部启动了一项全国范围内的棉铃象甲根除项目，该项目将美国总共 1,500 万英亩（约 6.1 万平方千米）棉花田都囊括在内。利用害虫综合治理技术，美国 87% 的棉花田内已经找不到棉铃象甲了，使得种植者们减少了一半的杀虫剂使用量。

核桃象甲

Curculio caryae

核桃象甲是一种为害核桃树、山胡桃树的害虫，它们会在坚果上钻洞，在里面产卵。它们的幼虫可以待在里面，以果仁为食，直至成年。不幸打开一个被核桃象甲寄生了的坚果的人，会在其中看到一条胖乎乎的白色蛴螬正在狼吞虎咽。

葡萄黑象甲

Otiorhynchus sulcatus

葡萄黑象甲是观赏园林的敌人，它们以紫藤、杜鹃、山茶、紫杉等植物为食。其成虫全部是雌性，它们不需要雄性就能繁殖。葡萄黑象甲在植物的根部产卵，其幼虫会狼吞虎咽地啃食植物根部。成虫以叶片为食，会在叶片边缘留下暴露其行踪的凹口。

士兵们经常开玩笑说他们不需要自己背干粮，因为里面虫子实在太多了，多到它们能够背着食物走路。

沙　蝇

（*Phlebotomus* sp.）

大小：最长 3 毫米。

科：毛蠓科（Psychodidae）。

栖息地：热带、亚热带地区的森林、湿地森林和靠近水源的沙地。

分布：白蛉属（*Phlebotomus*）的沙蝇分布在亚洲、非洲以及欧洲南部，同样能传播利什曼原虫的罗蛉属（*Lutzomyiaa*）沙蝇分布在拉丁美洲的许多地方。

英国电视人本•福格尔（Ben Fogle）经常不得不暴露在一些恐怖疾病的疫区中。BBC 有一系列探险电视节目，诸如把人放逐到外赫布里迪斯群岛上，划着橡皮艇穿越大西洋，徒步穿越撒哈拉沙漠竞赛，他都忍受了下来。福格尔看起来是，并且曾经的确是不可战胜的——直到他在 34 岁那年碰到了白沙蝇。

这种微小的小麦色飞蝇的成虫只能活上两个星期。雌虫必须吸血，体内的卵才能够发育成熟。它们的叮咬几乎不会导致疼痛，但却非常地烦人。在沙蝇遍布的地区，人们经常会发现自己突然身处虫群的中央。这都怪不吸血的雄性沙蝇，它们会在温血的寄主身旁振动翅膀，为雌性指示食物的所在。所以，这一切看起来像是突然袭击，但却是精心策划过的交配仪式，只是它们恰好会把食物——也就是你——包裹在仪式虫群正中而已。昆虫学家把这种虫群称作“择偶场”。

当雌虫要叮人时，首先会将自己的口器刺入皮肤，用带锯齿的下颚像剪刀一样刺破血管，这样一来它就有血液可喝了。接着，它会注入一种抗凝血物质，使得用餐时间变得充裕一些。这种飞蝇能够传播数种疾病，但其中最致命的是利什曼原虫病。正是这种疾病，差一点在本·福格尔的秘鲁穿越考察之旅后杀死他。

> 皮肤利什曼病对于驻扎在中东的美军来说依旧是个问题，它们能造成像是被“巴格达的沸油烫过”一般的伤口。

在森林中，福格尔身上出现了一些类似于疟疾的症状——头晕眼花、头痛以及食欲不振——但他继续拍摄，之后返回了伦敦，为一次通往南极点的探险训练。在训练过程中，他突然倒地，之后卧床不起数个星期，在此期间医生一直在试图寻找病因。经检测，福格尔得的不是疟疾，也不是其他的一些知名的疾病。直到他胳膊上的一个丑陋的病疮突然溃破，医生们才找到真正的病因。

利什曼原虫病的病原体是寄生性的原生动物，它们能通过沙蝇的叮咬从其他动物身上传染到人类身上。这种疾病有几种不同的类型：皮肤利什曼病，能导致需要数个月乃至一年才能痊愈的皮肤受损；内脏利什曼病，其病原体寄生在内脏当中，有潜在致命性；而另外一种类型，黏膜皮肤利什曼病能导致溃疡以及口鼻部长期的损伤。福格尔非常不幸，他感染上的是最危险的内脏利什曼病。他必须接受长期的静脉注射治疗，不过现在，他已经回到了岗位上，写作、旅行以及拍摄新的片子。

皮肤利什曼病对于驻扎在中东的美军来说依旧是个问题，它们能造成像是被“巴格达的沸油烫过”一般的伤口。1991 年，从海湾战争战场上归来的美军士兵被要求两年内不能献血，以免把利什曼原虫病传播给别人。2003 年另外一场战争又在伊拉克打响了，虽然后勤补给部门的官员曾接到过警报，但杀虫喷雾和蚊帐依旧供不应求。据估计，有大约 2,000 名军人感染了利什曼原虫病，但实际数字可能远远比这要高，因为有部分军人并没有被运回战地医院，而是在野外接受的治疗，这部分数字没有被记录在册。不幸的是，大部分美国医生无法识别出这种疾病造成的皮肤损伤，因为它并不普遍——这就会导致对归国士兵的误诊，并延误治疗。

据估计，全球每年大约会有 150 万人感染皮肤利什曼病，而大约有 50 万人会被诊断出身患内脏利什曼病。用来治疗这种疾病的药物本身就非常危险，需要受到严密的监控。对于疫苗的研究正在进行当中，但目前为止防御这种疾病的方法只有避开沙蝇——尽管它名字中有个“沙”字，但它并不是只出现在沙漠当中，而是遍及热带、亚热带地区。

近亲： 有好多种沙蝇能够通过吸血传播疾病，但美国人口中的“沙蝇”却不是真正的沙蝇，而是和它们关系较远的库蠓。

疥 螨

（*Sarcoptes scabiei var. hominis*）

大小：最长 0.45 毫米。

科：疥螨科（Sarcoptidae）。

栖息地：生活在寄主身上或是非常靠近寄主的地方。

分布：世界性分布。

在拿破仑·波拿巴（Napoleon Bonaparte）被流放到圣赫勒拿岛上之后，弗朗切斯科·卡洛·安托马尔基（Francesco Carlo Antommarchi）是最后一批为他服务的医生之一。他那难伺候的病人已经忍受多种疾病的折磨很多年了，拿破仑身患消化道疾病、肝病，皮肤上起着一种神秘的疹子。1819 年 10 月 31 日，也就是拿破仑死前一年半，这位医生记录下了病人身上一个奇怪的改变。

“他心神不宁，满心焦虑：我建议他吃一些我开的镇静剂。‘谢谢，医生，’他说，‘相比你的药，我有别的更有效的东西。当它生效的时候，我能感觉到症状自然地减轻了。’说着这句话，他跌坐在椅子上，使劲抓自己左腿，带着一副高兴的渴望撕扯着皮肤。他的伤口再次开裂，血涌了出来。‘我告诉过你，医生，现在我感觉好多了。每当危机发生过后，别人都会发现我会活下来。’”

安托马尔基并非第一个发现拿破仑会抓烂自己皮肤的人。这位曾经的帝王的一位用人曾写道：“好几次，我都看到他狂暴地把指甲掐进自己的大腿中，以致血都流了出来。”有时，在军事行动中拿破仑身上会冒出鲜血，士兵们都以为他负伤了，但实际上这些血液都是从他身上的抓伤中流出的。我们可能永远也无法知道是什么导致拿破仑如此疯狂地对待自己，但至少有一位曾诊治过他的医生判断，他身患疥疮。

> 拿破仑相信正是在围攻土伦城之战中，他“从那个死去的士兵身上的汗水中感染了这种让人发痒的病”。

虽然在当时人们对疥疮不是很了解，但疥螨一直折磨着拿破仑战争中乃至人类史上任何一次战争的军队。士兵们密集地拥挤着，好多天都穿着同一件没有洗过的衣服，战争期间大量四处逃难的难民，都使得疥螨能够被传播开来。17 世纪后期，曾有人试图说服当时的医学界，疥疮是由寄生虫导致的，但这些声音几乎都被忽视了。拿破仑的医生多半更愿意相信，疥疮是由于“体液”失衡造成的。

但拿破仑知道，疥疮是传染性的。他曾记录下他那冗长的皮肤病史早期的一个小插曲。1793 年，围攻土伦城时，一位枪手在装弹的时候被击中了，于是拿破仑顶替了他的位置。这位死去的士兵和他的武器上，都满是他在战斗中流下的汗水。拿破仑相信正是在那个时刻“从那个死去的士兵身上的汗水中感染了这种让人发痒的病”。

1865年，就在拿破仑逝世几十年之后，人们最终才搞清楚疥疮是由一种几乎看不见的螨虫引发的。这种螨虫全名为人疥癣螨。通常来说，疥螨更偏好手掌或是腕关节的皮肤。其雌性会在人皮肤中钻洞，每天产下少量的卵。当卵孵化出来之后，幼虫会移动到较上层的皮肤当中，建造出名为蜕皮袋的微小居室。它们蜕皮成为若虫，接着成长为成虫，这种生物在它们短暂的一生中只会交配一次，在此期间它们一直待在皮肤下面。有了身孕之后，雌疥螨终于离开了它们的洞穴，爬到寄主身上，寻找其他适合建立新家庭的地方。一只疥螨总共能生存2~3个月，它们生命中的大部分时间都在寄主皮下度过。

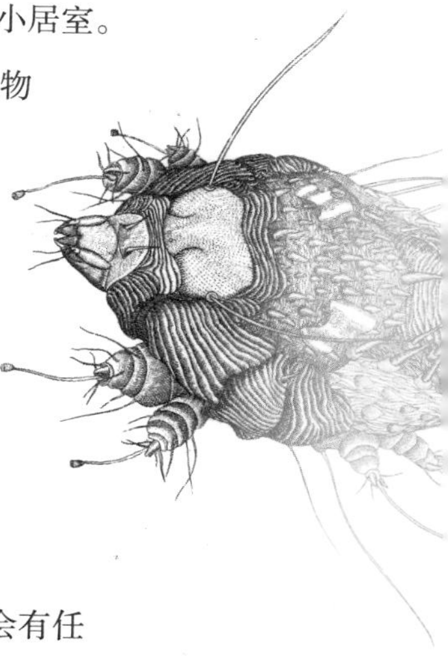

感染疥疮的人，在刚开始一两个月内是不会有任何感觉的。但随着时间的流逝，螨虫自身就会给寄主造成足够严重的反应，更别说它们在皮下制造的废弃物了。有时候，即使是疥螨没有出现在寄主的腹部、肩部、背部，它们也能让这些地方长满丘疹。从理论上来说，因为螨虫在离开寄主之后还能存活几天，它们有可能通过衣服、床单以及玩具传染，但疥螨最常见的传染方式还是皮肤对皮肤的接触性传染。尽管在拿破仑的时代，他不得不一辈子忍受疥疮之苦，但在今天，医生已经能够利用一些软膏治疗这种疾病。

近亲：　有一系列疥螨寄生于人类、野生动物、家养动物身上。犬疥癣螨（*Sarcoptes scabiei canis*）能够引发一种狗身上的疥螨病。

是什么在咬你

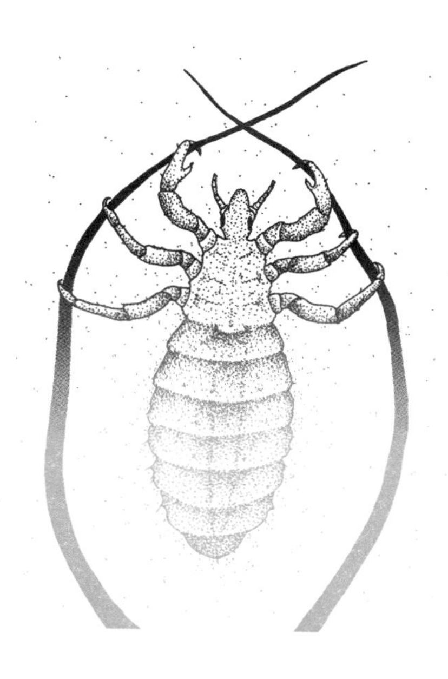

疥螨不是唯一一种骚扰过拿破仑的寄生虫。1812 年，拿破仑率军向俄国进军时，带了大约 50 万人，但当他被击败后只有几千人逃了回来。发生了什么事？拿破仑归咎于那该死的冷天，但现在的科学家认为，是一种微小、扁平的无翼昆虫迫使这支全世界最趾高气扬的军队屈了膝。在行军过程中，那些士兵不得不在波兰、俄国的乡间从当地的农民手中索要食物和获得庇护所，而那些贫苦之人将一种讨厌的体虱传染给了士兵。一个士兵曾从睡梦中惊醒，写下了这样的句子："一种难以忍受的感觉，又麻又刺痛……我很惊恐地发现，我的身上爬满了害虫！"他跳了起来，把衣服扔进了火中，然而冬天临近，法军的补给供应不足，他肯定会为烧掉衣服后悔。

然而，打败拿破仑的可不只是"一种难以忍受的又麻又刺痛的感觉"而已。体虱能传播斑疹伤寒、战壕热等许多种能够毁灭军队的危险疾病。仅存的士兵非常虚弱，不得不从俄罗斯撤退，这标志着拿破仑辉煌的军事生涯的结束，这是失败的开始。

1919 年，俄国内战正处于紧要关头，斑疹伤寒再次开始流行。战争使得许多人流离失所，人群拥挤在一起，使得体虱更容易传播。

全世界一共有4,000来种虱子，然而占领了人类身体的只有3种：体虱、头虱和阴虱。这三种虱子瓜分了人类的身体，各自在人体这个生态系统中占据了截然不同的区域。近来，这一事实从进化生物学上揭示了一系列有关人类史的真相。头虱出现于 700 万年前，在那时人类和黑猩猩还没有分家。107,000 年前，人类学会了穿衣服，于是体虱从头虱家族中分了出来。寄生在人类身上的阴虱，竟然和大猩猩身上的虱子关系更近——依靠着一种人类和大猩猩之间的密切接触，阴虱来到了人类身上，然而关于这一过程的具体细节我们至今不得而知。

幸好，大多数人对体虱并非习以为常。它们的祖先在寄主的身上产卵，但体虱进化出在衣服的接缝或是领子上产卵的能力。因为这个原因，它们一般只出现在流浪汉或是穷困到连续几星期穿着同一件没有洗过的衣服的人身上。当感受到体温时，体虱的卵会孵化，一直不换洗的衣服是它们最好的生存场所。刚出生的若虫会移动到皮肤上，必须吸上几个小时的血才能生存下去。在接下来的一周中它们会发育完全，成虫能够再活上几周，把自己一生的时间都花在吸人血上。在最糟糕的案例当中，一个人身上曾出现过 3 万只体虱。即使它们没有携带什么病菌，被这种吸血生物缠上依旧是个危险的事情。

大量体虱寄生会导致严重的后果：皮肤变厚，出现奇怪的斑点。这种疾病被称作“流浪者病”或者体虱病。有些人还会出现淋巴结肿大、发烧、起丘疹、头痛、关节和肌肉疼痛以及过敏等症状，而这些症状都只是单纯地由体虱造成的。当寄主体温过高时，虱子们会离开，寻找新的受害者。那些体温没有升高多少的寄主，会成为体虱的移动传染源。

最常见的虱传播疾病是斑疹伤寒，这种疾病的病原体是普氏立克次体（*Rickettsia prowazekii*），这种病菌也会出现在鼯鼠的血液当中。它们并非通过虱子的叮咬传播。虱子的粪便中有普氏立克次体，当人类觉得痒并抓挠被叮咬的地方时，会不小心将它们推入伤口当中，它们就是这样进入人类的血液循环当中的。这种病菌在虱子的粪便当中能存活大约 90 天，所以感染的机会非常多。斑疹伤寒会造成发烧、发抖、起丘疹，最后能导致神志不清、昏迷乃至死亡。

斑疹伤寒的死亡率是 20%，但在战争当中，死亡率要高得多。病原体还会在幸存者的淋巴结中保留好几年（当然，在现代我们有抗生素，能够让病人完全康复）。在同斑疹伤寒的较量中，人类可以活下来，但同时我们要消灭人身上的虱子。开发了斑疹伤寒疫苗的汉斯•津泽（Hans Zinsser）曾写道："如果虱子能够害怕，那它们生命中的梦魇就是栖息在一个被感染的人类身上。人类倾向于用自我中心的双眼观察世间一切事物。但对于虱子来说，我们才是恐怖的死亡使者。"

除了在拥挤在一起的士兵中传染之外，在 16 世纪，因为卫生条件不好，这种疾病被欧洲殖民者传染给了美洲原住民，杀死了数百万人。如今，斑疹伤寒这种病依旧会出现，它们主要在避难营、贫民区或其他有大量迁徙者的地区暴发，住在那里的人类只得忍受拥挤和贫穷之苦。

人类一度认为虱子是从皮肤上自然出现的，就好像是人产下的一样。亚里士多德认为"虱子诞生于动物的血肉"，人们能看到它们从皮肤上像"小型火山喷发"一样跳出来。曾经，身上有大量虱子寄生被称作"多虱症"或虱病，这种疾病被认为是上帝对罪恶的惩罚。直到 1882 年，在 L. D. 巴尔克利（L. D. Bulkley）的研究下，虱子诞生之谜终于解开了，他写道："所有关于虱子是从脓肿或皮肤其他的伤处产生的寓言般的故事都是没有科学依据的——实际上，这些故事都是胡扯。"丹麦的一位名为约尔根·克里斯琴·苏丹特（Jørgen Christian Schiødte）的昆虫学家写道："最终，虱病背后那古老的幽灵终于可以安息了，它们萦绕在其他恶龙与怪兽之间，以无知为食。"

头虱

Pediculus humanus capitis

因为虱子拥有改变自己的颜色、与寄生之处的皮肤相匹配的奇怪能力，头虱很难被发现——它们会导致让人不愉快的意外，但却不是特别危险。头虱不会传播疾病，它们的出现甚至并不是不干净的征兆。然而它们却很难除掉又出奇地常见，这能引发人类的暴怒——头虱病在儿童当中，是仅次于普通感冒的第二普遍的疾病。据估计，全美国每年大约有 600 万 ~1,200 万儿童会感染头虱，也就是说，4 个小孩中就有一个人身上有头虱。非洲裔美国小孩很少有得头虱病的；美国头虱似乎很难抓握住较粗或是卷曲的毛发，但非洲头虱看起来就没有这种问题。

雌性头虱会把卵产在一根头发上，分泌一点化学物质将它们牢牢粘在一起（事实上，想做妈妈的雌性头虱必须面对不小心把自己给粘住的风险）。它们较喜欢将卵安置在耳朵或是脖子边，这些地方也的确更容易发现头虱卵。尽管含有药物的洗发剂能够杀死头虱，但是在有些乡村地区，那里的头虱已经出现了对这种化学物质的抵抗能力。新一代的杀虫乳膏或是洗发剂很容易就能买到，但是很多家长宁愿用老方法：每次给孩子洗完头后，趁着头发还是湿的就涂上一层植物油，然后好好梳理一番。

> 战争使得许多人流离失所，人群拥挤在一起，使得体虱更容易传播。

阴虱
Pthirus pubis

阴虱，长得像螃蟹一般，它们会紧紧地抓住一缕毛发，从不松爪。

它们只待在同一个地方吸血从不挪窝的习性，使得其粪便会堆积在它们的身边，这会让人类感到非常不快。它们能生活在人身上任何有粗毛（包括眉毛、胸毛、胡子、胳肢窝毛，当然还有阴毛）的地方。它们的唾液会导致过敏，使人奇痒难忍，这通常是感染阴虱最早的迹象。它们也能生活在睫毛上。阴虱虽然会导致虱病，但据人类所知，这种寄生虫不会传染疾病。

离开寄主之后，阴虱只能存活几个小时，从理论上讲，它们的确能依靠公用的马桶、床单以及其他类似的途径传播，但实际上从来也没有发生过。性接触才是真正高效地传播阴虱的方式，这就是法国人将这种寄生虫称为“爱的蝴蝶”的原因。

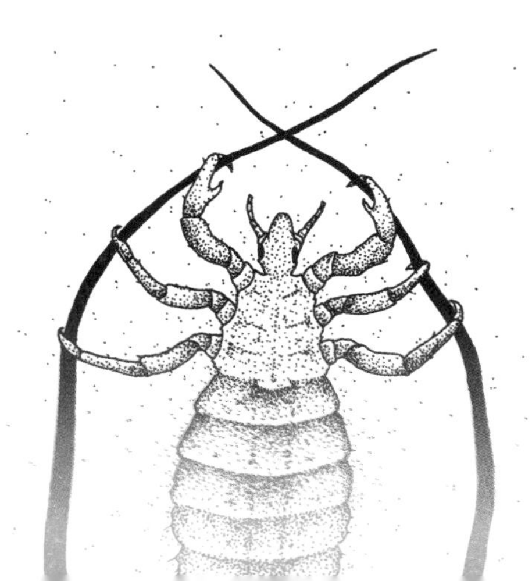

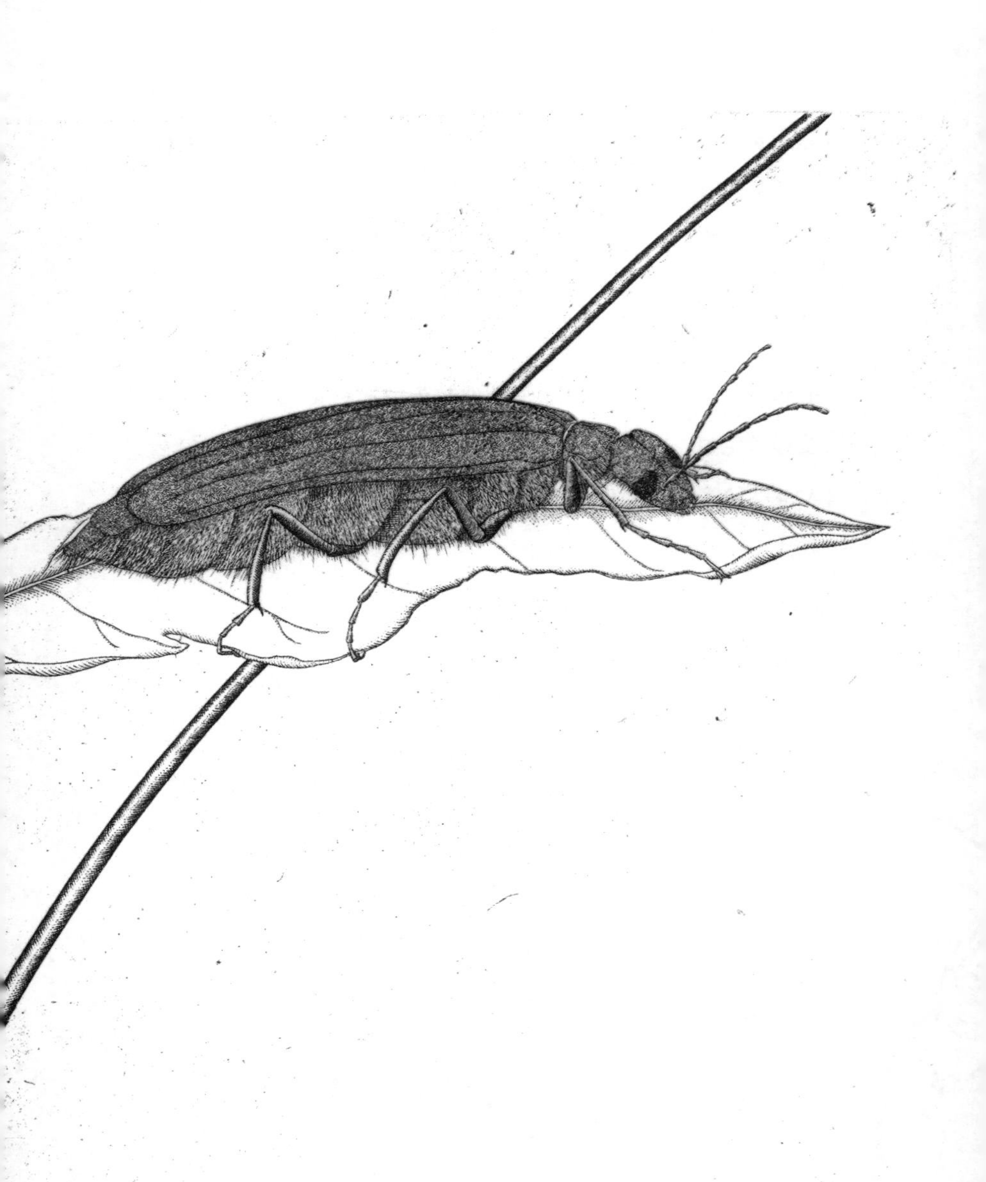

斑 蝥

（*Lytta vesicatoria*）

大小：25毫米。

科：芫菁科（Meloidae）。

栖息地：草地、牧场、开阔的林地以及农田。

分布：北美洲、南美洲、欧洲、亚洲。

有一个事件，被称作“毒甜点丑闻”。1772年6月，萨德侯爵（Marquis de Sade）抵达马赛，派他的男仆出门寻找妓女。男仆在一天之内为他的雇主找来了好多个女人，这对于萨德来说是习以为常的事。妓女们到了之后，侯爵给了她们每人一块茴芹味小甜点。有几个女人吃了下去，有几个没有吃（顺带一说，有几个女人还拒绝了萨德的一些要求，包括用嫩枝做成扫帚抽打他）。

几天之后，那些吃了侯爵给的小甜点的女人都生了重病，根据记录，她们吐出了恶心的黑色物质，并且呼吸时感到疼痛。执法部门公布了这一事件，并以鸡奸罪和投毒罪拘留了萨德。萨德侯爵去了意大利以逃避关押，但在当年12月还是被抓住了。第二年春天他设法逃脱了，躲避法律的制裁直到1778年再次被抓。之后，他在监狱里待了十年多。

萨德侯爵的那些小甜点中加入了一些会引起麻烦的物质，其中就包括斑蝥（*Lytta vesicatoria*）磨碎干燥后制成的粉末。这种有漂亮彩虹结构色的绿甲虫曾被认为是春药。萨德同时代的一个人如此描写这种昆虫的作用："所有吃过它的人都会燃起无耻的激情和强烈的性欲……即使是最谦恭的淑女也无法把持住自己。"

斑蝥引发人类性欲的奥秘全在它分泌的防御性化学物质斑蝥素中。人摄入了这种化学物质后，会导致尿路发热，这会导致疼痛，以及被称作阴茎长时间勃起症的病态症状。如果量太多了，斑蝥素会导致消化道发炎、肾脏受损，乃至死亡。萨德侯爵——以及数不胜数的其他人——把斑蝥的毒性错认为能唤起性欲，并误认为它对女性也有类似的效果。

萨德侯爵的那些小甜点中加入了一些会引起麻烦的物质，其中就包括斑蝥磨碎干燥后制成的粉末。这种有漂亮彩虹结构色的绿甲虫曾被认为是春药。

斑蝥在坊间有一个更响亮的名字：西班牙苍蝇。它们会利用自己分泌的有毒化学物质抵御掠食者。它在生殖过程中也扮演了重要的角色：交配过程中，斑蝥素从雄性身上传递到雌性身上，它不只会保护雌虫，也能保护它们的卵。让人们觉得奇怪的是，这种毒素能够引起许多不同物种的性欲，例如，赤翅甲科中的一种火红色甲虫（*Neopyrochroa flabellata*）自己不能分泌斑蝥素，但却会从斑蝥身上获得这种物质，用来吸引配偶。如果雄虫身上没有斑蝥素，这种甲虫的雌性就会拒不和它交配，因为它们需要利用斑蝥素保护自己的卵。

有些斑蝥正是因为它们能分泌斑蝥素才被吃掉的。1861 年和 1893 年，都有医生报告法国一些驻北非的士兵在吃了蛙腿后，出现了阴茎长时间勃起症的症状。科学家早就怀疑这和斑蝥有关。康奈尔大学的昆虫学家托马斯·艾斯纳（Thomas Eisner）在实验室中把斑蝥喂给蛙类吃，之后在蛙组织中发现了斑蝥素，其剂量高到足以导致疼痛，又让人苦恼的阴茎长时间勃起症。如果蛙类在被人吃掉前短时间内捕食了斑蝥，就会导致食用它的人身上出现较低风险的反应。

这种甲虫也会对牲畜造成危险：它们中的一些以干苜蓿为食，这就意味着它们会被漫不经心的马吃掉。由于斑蝥的幼虫吃蚱蜢的卵，所以农场主们知道，如果蚱蜢增多，意味着斑蝥的数量也会增加。100 只斑蝥就能杀死一匹 90 多千克重的马，即使没吃那么多，也会导致马匹消化道绞痛。因为几乎不可能完全驱逐这种甲虫，农夫们必须按照一套具体的方法监控、收割苜蓿草场，在获得干草之前，把混入这种甲虫的可能性降到最低。

近亲：　斑蝥在全世界一共有 3,000 多种亲戚，其中有 300 种分布在美国。

捕鸟蛛

（*Theraphosa blondi*及其他）

大小：包括腿，身长最大可达30厘米。

科：捕鸟蛛科（Theraphosidae）。

栖息地：森林、丘陵地区乃至沙漠，主要出现在气候温暖的地区。

分布：北美洲、南美洲、非洲、亚洲、大洋洲和欧洲。

卡罗尔·哈吉斯（Carole Hargis）可能是美国加利福尼亚州有史以来最不称职的谋杀犯。在1977年初，她开始对她的婚姻失去希望，她的丈夫大卫·哈吉斯（David Hargis）是驻扎在圣地亚哥的一名海军陆战队教官。大卫自己买了一份人寿保险，作为一名军人时刻都可能面对生命危险，他必须确保妻子（以及和前妻所生的孩子）在他出了意外后能得到照料。卡罗尔把这个信息告诉了她的邻居，很快，两个女人商量好了，要杀了大卫，谋取一笔财富。

要不是结尾太悲剧了，这两个女人想出来的许多谋杀计划就可以当成绝佳的笑料。一开始，卡罗尔受到了《希区柯克剧场》（*Alfred Hitchcock Presents*）的启发，在这部剧集中，有些人被掉进浴缸里的干发吹风机害死了。她的确试了一下——只可惜大卫洗的是淋浴，水不够多，无法让他被电到。之后，她往大卫吃的法式面包中掺了大量的LSD（Lysergic Acid Diethylamide，麦角酸二乙基酰胺）迷幻药，但这只引发了他的一阵胃痛。除此之外，卡罗尔还尝试往汽车化油器里放子弹，往马丁尼酒中掺碱液，往啤酒中加安眠药，她甚至还策划了一场车祸。在大卫熟睡时，她曾试图往他的静脉中注入空气，但却不小心搞坏了针头，当大卫第二天早上醒来时，还以为自己被什么虫子咬了。

卡罗尔取出了蜘蛛的毒液囊，藏在黑莓派当中。但大卫只吃了一点点派，完全没有碰到毒液。看起来，他根本就是不可战胜的。

之后，捕鸟蛛被派出场了。卡罗尔搞到了一只宠物捕鸟蛛，一开始她准备把这只多毛的蜘蛛放到大卫睡的床上，让他被咬死。但很快卡罗尔有了更好的主意：取出蜘蛛的毒液囊，藏在黑莓派当中。但大卫先生依旧足够幸运：他只吃了一点点派，完全没有碰到毒液。看起来，他根本就是不可战胜的。

终于，卡罗尔和她的邻居决定铤而走险，用一根落伍的大棒，将大卫杀死在床上，并把他的尸体丢弃在沙漠中，希望这一切看起来就像是一场意外事故。当然，她们没有如愿，警方没花多少精力就查出了真相，这两个女人因其恶毒的行为被宣判为有罪。

卡罗尔在犯罪过程中犯了许多差错，其中的一个就是误解了捕鸟蛛毒液的破坏力。这不是恐吓：最大的捕鸟蛛，巨人捕鸟蛛

（*Theraphosa blondi*）腿伸开之后身长几乎能达到1英尺（约30厘米）。它们会布下陷阱，静候猎物走过——也许是一只老鼠——然后发起突袭。它们的尖牙有1英寸（约2.5厘米）长，这种猎手就靠它注射毒液，杀死老鼠。和其他捕鸟蛛一样，它们身上满是螯毛，在受到攻击时它们能把螯毛投向敌人。

虽然它们的习性很吓人，但捕鸟蛛的叮咬并不会比黄蜂甚至蜜蜂的毒螯更猛烈。捕鸟蛛的确会咬人——事实上，科学家近来发现一种俗称"千里达老虎尾"（*Psalmopoeus cambridgei*）的西印度群岛捕鸟蛛的毒液会以和哈瓦那胡椒一样的途径作用于人的神经。那种凶猛、热辣的疼痛让人很难承受，却并不致命。对于容易过敏的人来说，捕鸟蛛的毒液很危险，但对于大多数人来说没什么可怕的。

除了在这起奇怪的谋杀案中扮演了一个角色之外，捕鸟蛛还被认为同意大利塔兰台拉舞有关，跳这种舞的舞者会快速旋转，越转越快，就像是发了疯一样。"毒蜘蛛舞蹈病"是流行于15~17世纪南意大利的一种舞蹈狂症，当时的人相信，得这种病是因为被捕鸟蛛咬了。但实际上，它更像是麦角中毒的症状（麦角中毒是由于吃了被麦角菌感染的黑麦，其中存在着一种LSD迷幻药的前体物质），或者是某种群体焦虑性歇斯底里病。不管怎样，这事不太可能是捕鸟蛛造成的。

近亲：　全世界大约有800种捕鸟蛛。

采采蝇

（*Glossina sp.*）

大小：6~14毫米。

科：舌蝇科（Glossinidae）。

栖息地：出现在热带雨林、稀树草原以及灌木丛林中。

分布：非洲，尤其是非洲南部。

1742年，一位名叫约翰·阿特金斯（John Atkins）的外科医生记录了一种被他称作“昏睡犬瘟”的疾病。这种疾病折磨着来自西非的奴隶，一开始它几乎毫无征兆，顶多会让人食欲不振，之后奴隶将陷入昏睡，即使鞭打也难以将其唤醒。“彻底地睡死过去了，”他写道，“他们的感觉非常微弱，无论是推是打，乃至拿鞭子抽都难以激起他们的感官反应，更别说让他们有力气移动；你刚抽完，一瞬间后他们就忘记了疼痛，倒头就睡，陷入毫无知觉的状态。”

靠殴打唤醒患病的奴隶的计划失败了，医生建议必须不惜一切代价唤醒他们。“必须尝试任何办法来唤起这些家伙的精神。割开颈静脉放血，把血快速冲掉……以及把他们突然扔进海中，这种方法对于刚得上犬瘟的奴隶来说是有效的，病人不再像以前那样从口里鼻子里淌涎水了。”但他不得不承认，这些折磨没有真正生效，这种疾病依旧是致命的。

阿特金斯记录下了他看到的关于这种奇怪灾难的一切事物，从“积痰过多”，到奴隶中普遍的懒散与失去劳动力，再到“大脑天然的虚弱”。但他没有记录下一种在他们身边飞来飞去，会发出“采采”声，巨大又活跃的扰人飞蝇。此刻，距人类发现昏睡病真相之时还有 100 多年。

采采蝇也叫舌蝇，主要出现在撒哈拉以南的非洲。无论雌性还是雄性，它们都有赖于吸血维生。采采蝇大约有不到 30 种，它们会攻击人类身体的不同部分。例如，刺舌蝇（*G. morsitans*）会叮咬人类的全身，而须舌蝇（*G. palpalis*）更喜欢腰部，胶舌蝇（*G. tachinoides*）通常会攻击膝盖以下的部位。大多数采采蝇会被亮丽的颜色吸引，穿暗色的衣服是避开这种吸血昆虫的方法之一。

这种飞蝇以野生动物、家畜和人类的血液为食，有时它们会把一种名为锥虫（*Trypanosoma* sp.）的病原微生物从一个感染者传播到另一个个体。锥虫这种原生动物进入体内后会进入淋巴系统，导致淋巴结极端肿大，这个症状被称作“温特伯顿的标志”。疾病会侵入患者的中枢神经系统和大脑，导致易怒、易疲劳、疼痛、个性改变、糊涂以及口齿不清等症状。如果得不到治疗，病人会在 6 个月内死亡，而死亡会从心力衰竭开始。

尽管采采蝇至少已经出现了 3,400 万年，但这种疾病的传播仅在较早的医学著作中偶尔被提到过几次。直到欧洲人来到非洲，大量人类和动物迅速地跨越了这片大陆，昏睡病才真正流行开来，此时人类又给它起了另一个名字——锥虫病。事实上，这事情和亨利•莫顿•斯坦利（Henry Morton Stanley）有关，这个男人在1871年找到了失踪的大卫•利文斯顿（David Livingstone）。为了寻找更好的食物来源，斯坦利驱赶着大批牲口，带领众人穿越了乌干达，而在他们身后，跟随着大批采采蝇。斯坦利留下了一场昏睡流行性病，抹去了这一地区大约三分之二的人口。

昏睡病有两种类型：一种出现在东非，另外一种分布在西非。今天，感染了这种疾病的人数可能有5万~7万，而在10年以前，这个数字要高10倍。

亨利•莫顿•斯坦利在1871年找到了失踪的大卫•利文斯顿，留下了一场昏睡流行性病，抹去了这一地区大约三分之二的人口。

控制这种疾病的战术之一就是利用采采蝇本身。国际原子能机构的科学家成功开发出了“不育昆虫技术”：在实验室中将雄性飞蝇暴露在放射性物质之中，使它们不育，然后将其放生，让这些不育雄虫和雌虫交配。这能导致采采蝇不能生产出下一代，终结它们的繁衍。

不幸的是，用于治疗昏睡病的药物和这种疾病一样危险。其中的一种药物依洛尼塞本来是用来治疗癌症的，但人们后来发现它可以用来治疗西非型昏睡病。因为这种药物制造起来太昂贵了，制药公司在 20 世纪 90 年代决定停产，但几年后，在世界卫生组织的压力下，又开始生产依洛尼塞了。最近，人们发现了这种药物新的商业价值，刺激了它的生产：把它加入到女用面霜中，能够成为去除面部汗毛的活性成分。正因为这种药物作为化妆品添加剂有利可图，人们现在又能够用它来治疗昏睡病了。

近亲： 全世界共有 24 种采采蝇，正是这 24 种生物构成了整个舌蝇科。

僵　尸

对于《活死人之夜》（*Night of the Living Dead*）这部电影，虫子世界有自己的看法。有些虫子并不是简单吃掉其他的虫子，而是生活在它们体内，对它们发号施令。有些猎物会被逼着跳入湖中，而另外一些发现自己会操控自己的敌人抵御其他的攻击者。“僵尸”们自身几乎不可能从这些奇怪的行为中获益。一旦其寄主不再需要它们，这些可怜的家伙就会从“不死”变成简简单单地“死透了”。

扁头泥蜂

Ampulex compressa

扁头泥蜂外壳是孔雀绿的颜色，带有金属光泽，因此它们也被称作宝石胡蜂。它们原产于亚洲和非洲，虽然体型微小，但却不惧于去捕捉大得多的蟑螂，并迫使后者按自己的意愿行事。当雌蜂有喜之后，会猎捕蟑螂，往它们的身体里只是一刺，就能让其短暂地失去行动力。这为雌蜂争取了一点点时间，它再次移动螫针，径直刺进蟑螂的大脑，这一击会让蟑螂失去逃跑的本能。一旦雌蜂控制住了蟑螂，它就会用触角指引猎物前进，这就好像遛狗一样。

蟑螂会跟着扁头泥蜂回巢，顺从地坐下。雌蜂会在猎物的腹部产下一枚卵，后者会一直留在巢中，耐心等待幼虫破壳而出。幼虫会在这只倒霉的蟑螂的腹部咬上一个洞，进入它的体内。在接下来的一个星期中,扁头泥蜂的幼虫会以宿主的内脏为食,时间差不多了，它会做一个茧。这时，蟑螂终于死透了，但蜂蛹会在它体内的茧中继续发育大约一个月。当成年的扁头泥蜂钻出来时，蟑螂除了一个空壳，啥也不剩了。

一旦雌蜂控制住了蟑螂，它就会用触角指引猎物前进，这就好像遛狗一样。

缩头鱼虱

Cymothoa exigua

缩头鱼虱是一种长得很像鼠妇的水生甲壳动物，它们会从鳃盖处进入鱼的体内，附着在鱼舌上。它们以鱼舌为食，直到只剩下短短的一截残端。这对于缩头鱼虱来说不是什么大麻烦——它会紧紧抓住舌根，继续从中吸血，并扮演鱼舌的角色。于是，被寄生的鱼能够继续进食。这种寄生虫偶尔会出现在鱼市中。掰开鱼嘴看到这么一个玩意儿，顾客们肯定会被吓得惊叫连连。

茧蜂

Glyptapanteles sp.

每种茧蜂都会找到自己寄生的特定毛虫，在它们的体内产下约 80 枚卵。这没有什么特别不寻常的：很多种寄生蜂都会在毛虫的体表或是体内产卵。但茧蜂却能在寻常中做出一些不寻常之事。它们的卵会在猎物的体内发育,当幼虫长到足够大时,会钻出寄主的身体，在其旁边的植物上结茧。这个过程不会要了毛虫的命，它会驻扎在蜂茧旁边。如果有食肉动物，例如甲虫或是猎蝽象想打茧的主意，毛虫会起身乱窜，敲击掠食者。当茧蜂羽化之后，它们会拍拍翅膀直接飞走，这时毛虫终于死去。这种奇怪的保护行为对于毛虫来说，一点好处都没有。

绿带彩蚴吸虫

Leucochloridium paradoxum

绿带彩蚴吸虫的生活史，恐怕是自然界中最离奇的。这种扁形虫的卵藏匿在鸟屎当中，只有在被蜗牛吃掉后它们才能够孵化。一旦被吞进肚子，它们就会进入蜗牛的消化道，变身成长管状，侵入寄主的触角当中。此后，蜗牛什么也看不见，也无法缩回它的触角。而触角也会因此变得闪闪发光、五颜六色，在空气中摆来摆去——这都是为了吸引鸟类的目光。鸟儿俯冲下来，猛啄一口，吃掉蜗牛，这事儿还没结束。当寄生虫进入鸟儿的体内，发育成成虫产下卵，卵隐藏在鸟的排泄物中，再次被蜗牛吞下肚，绿带彩蚴吸虫的生命循环才又回到了起点。

金线虫

Spinochordodes tellinii

在生命旅程刚开始时，金线虫只是显微镜下才能看到的小蠕虫，在水里游来游去，指望有蚱蜢能在喝水时把它给咽下去。一旦进入蚱蜢体内，它们就会慢慢发育成成虫，但对于它们来说存在一个难题：只有回到水中，这种寄生虫才能交配。为了做到这一点，它们控制了蚱蜢的脑子——或许是靠释放某种蛋白质控制寄主的神经系统——使其跳入最近的水池中自杀。蚱蜢淹死之后，金线虫就钻出它的身体，游泳离开。

蚤蝇

Pseudacteon sp.

利用蚤蝇这种微小的北美飞蝇，我们或许能够解决北美火蚁问题。这种飞蝇会把它们的卵产在火蚁体内。它们的幼虫会吃掉寄主的脑子，使其漫无目的地漫游一到两个星期。最后，寄主的脑袋掉了下来，成年飞蝇从中爬出，去屠杀更多的火蚁。对于火蚁来说，蚤蝇无疑暴力又邪恶；但对于深受火蚁之害的人们来说，蚤蝇却立了个大功。得克萨斯大学的研究者正在做释放蚤蝇的实验，并正在评估大规模释放这种天敌昆虫的影响。

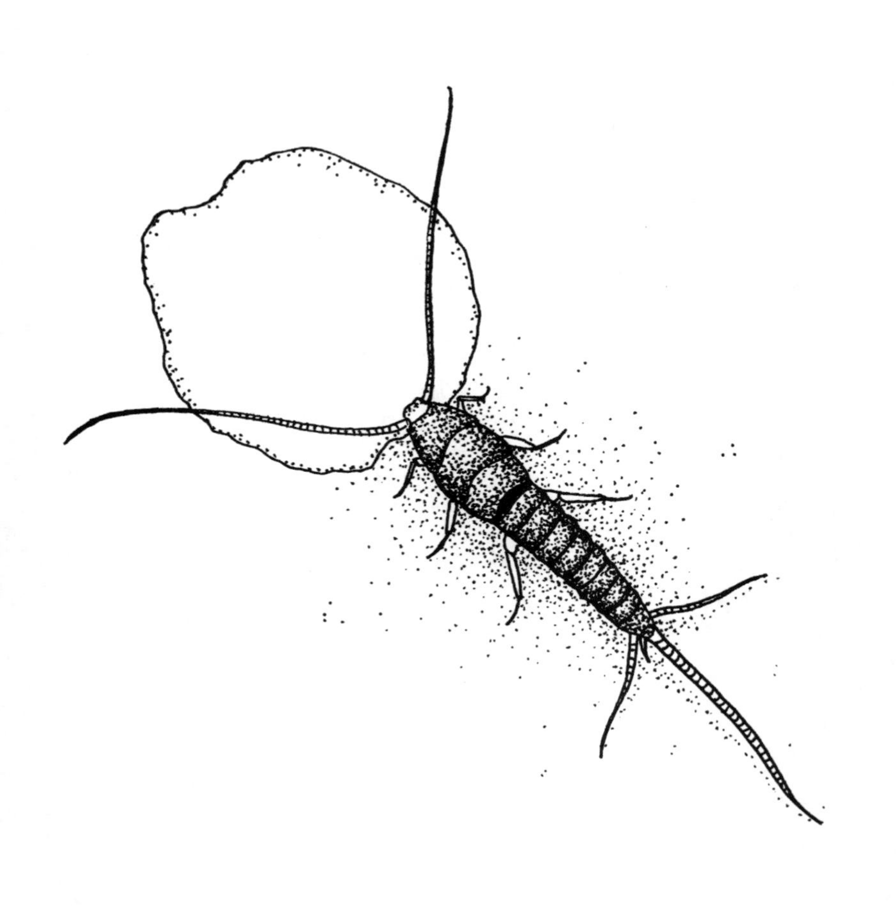

关于插画作者的简介

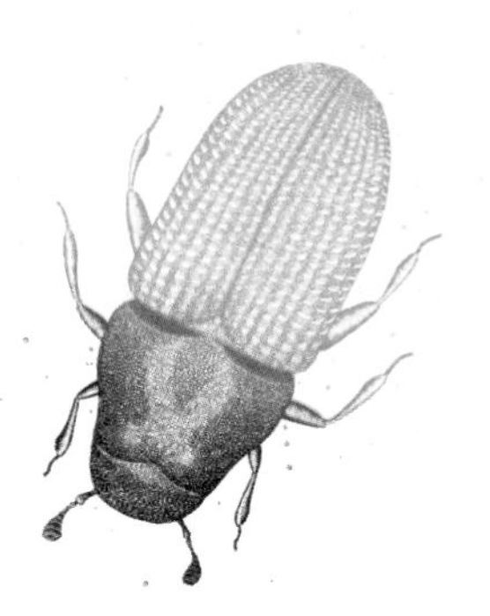

布里奥妮·莫罗-克里布斯（Briony Morrow-Cribbs）从事铜版画绘制、精装书设计，以及题为“好奇心橱柜”的一系列陶瓷雕塑的创作。通过将科学的理性语言与神秘又通常是怪诞的自然世界联结在一起，她的作品展现出了独特的个人艺术魅力。

布里奥妮毕业于加拿大不列颠哥伦比亚省温哥华市的埃米莉·卡尔研究院，目前她在美国威斯康星大学麦迪逊分校念美术硕士，她的作品曾在美国等国家展览过。

她是美国佛蒙特州伯瑞特波罗市 Twin Vixen 出版社的共同创始人，她也是西雅图的戴维森画廊和华盛顿州惠德贝岛上的布雷肯伍德画廊的代表。

布里奥妮在此要向尊敬的史蒂文·克劳斯致谢，他是威斯康星大学麦迪逊分校昆虫研究文集的学术负责人，感谢他为这些精美的艺术品提供昆虫学上的学术指导。

资　源

访问 WickedBugs.com，你就能获得包括但不限于以下网络资源的链接。

昆虫鉴定

如果要准确地鉴定出一种虫子或是识别出某个伤口是由哪种虫子咬的，最好还是交给专家。被虫子咬了后，最好是将其抓住或者拍一张好点的照片，否则很难准确鉴别。如果你手握这些信息，就可以去联系当地的农业技术推广办公室或是大学里的昆虫系了。

美国昆虫学社的网站（www.entsoc.org）会提供一些昆虫学社团的信息或是与昆虫相关的资源。

美国节肢动物学社的网站（www.americanarachnology.org）提供了很多图片，还会解答网友的一般性的问题，并提供了更多资源的链接。

英国皇家昆虫学社的网站（www.royensoc.co.uk）上提供了一个网络版的昆虫鉴别指南以及一些英国虫子的信息。

昆虫爱好者网络社区（BugGuide.net）上有很多网友提供的昆虫、蜘蛛等生物的图片。

Buglife（www.buglife.org.uk）是一个致力于无脊椎动物保护的团体，他们的工作涉及一些英国最珍稀虫子的生存。

昆虫馆

拜访昆虫馆是和这些生灵近距离接触的一种美妙的方式。很多自然博物馆或是动物园会展出一些有特色的虫子。这里列举了一些世界上知名的昆虫馆。

纽约，美国自然博物馆（www.amnh.org）：馆藏的昆虫数为全世界最多，拥有固定的昆虫相关展厅。

新奥尔良，奥杜邦昆虫馆（www.auduboninstitute.org）：它是“卡特里娜”飓风之后在新奥尔良开放的第一个大型社会公共机构，这个昆虫博物馆以活的昆虫展览为特色，在那里的地下你能偶遇人类那么大的“虫子”，而勇敢的孩子能够在该馆的餐厅中吃到昆虫美食。

旧金山，加州科学院（www.calacademy.org）附属的自然博物馆中装饰着四层雨林以及活着的“绿屋顶”，其中还有一个博物学家教育中心。

芝加哥，芝加哥野外博物馆（www.fieldmuseum.org）：藏有一些奇特的蝴蝶等昆虫，该馆会定期举办一些特定种类的昆虫展览。

蒙特利尔，蒙特利尔昆虫馆（www. ville. montreal. qc. ca/insectarium/）：馆藏一些活着的珍稀昆虫标本，拥有蝴蝶陈列室，常会展出一些特别的项目。

洛杉矶，洛杉矶自然博物馆（www.nhm.org）：拥有一个满是活昆虫的动物园，定期举办能让访客接触展品的“虫子秀”。

伦敦，伦敦自然博物馆（www.nhm.ac.uk）：以其“爬行昆虫”展览、野生动物花园，以及非同寻常的达尔文收藏品中心知名。

华盛顿，史密森国家自然博物馆（www.mnh.si.edu）：拥有昆虫公园、蝴蝶临时展馆，并以其巨大的昆虫标本馆藏量知名。

病虫害控制

将害虫赶出你家房子或花园的第一步是正确识别它们。请联系当地的农业技术推广办公室或是大学里的昆虫系，来帮助识别和控制不受欢迎的昆虫。

美国的几乎每个州都制订了各自的病虫害综合治理计划（IPM），以利用低毒性的手段控制病虫害。请上网搜索你所在州的详细信息，例如，伊利诺伊州的信息就能在 www.ipm.illinois.edu 这个网站上找到。

北美农药行动网络（www.panna.org）拥有一个农药信息数据库，你在其中能够找到供选择的杀虫剂使用方案。

英国病虫害控制网（www.pestcontrol-uk.org）为英国公民提供了一系列的病虫害控制资源。

理查德·菲格鲁恩（Richard Fagerlund）多年来通过自己的专栏“询问昆虫侠”来提供安全又明智的病虫害控制建议，如今，你可以到他的网站（www.askthebugman. om）上看他的文章。

虫媒疾病

美国疾病控制中心（www.cdc.gov）和英国国民医疗服务制度网（www.nhs.uk）为旅客提供了一些减少感染虫媒疾病的建议，并提供了许多有关这些疾病的概述信息。

世界卫生组织（www.who.int）在全世界范围内检测、抵御虫媒疾病的疫情，他们会为旅客提供一些基础的健康信息。

卡特中心（www.cartercenter.org）在本书中出现过多次，他们旨在消灭数种疾病。该中心的策略包括教人们如何建造更卫生的公共厕所，发放饮用水过滤器，以及提供免费的药物。你的一份小小的捐助，也能够拯救生命。请访问他们的网站以获得更多的信息。

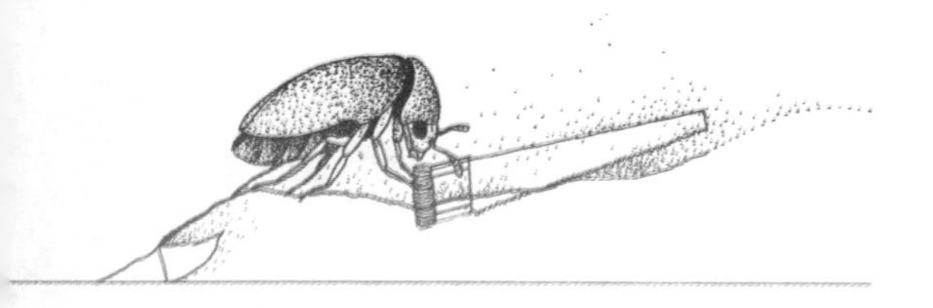

参考文献

昆虫鉴定

Capinera, John L. *Encyclopedia of Entomology*. Dordrecht: Springer, 2008.

Eaton, Eric R., and Kenn Kaufman. *Kaufman Field Guide to Insects of North America.* New York: Houghton Mifflin, 2007.

Evans, Arthur V. *National Wildlife Federation Field Guide to Insects and Spiders and Related Species of North America*. New York: Sterling, 2007.

Foster, Steven, and Roger A. Caras. *A Field Guide to Venomous Animals and Poisonous Plants, North America, North of Mexico.* Peterson field guide series 46. Boston: Houghton Mifflin, 1994.

Haggard, Peter, and Judy Haggard. *Insects of the Pacific Northwest.* Timber Press field guide. Portland, OR: Timber Press, 2006.

Levi, Herbert Walter, Lorna Rose Levi, Herbert S. Zim, and Nicholas Strekalovsky. *Spiders and Their Kin*. New York: Golden Press, 1990.

O'Toole, Christopher. *Firefly Encyclopedia of Insects and Spiders*. Toronto: Firefly Books, 2002.

Resh, Vincent H., and Ring T. Cardé, eds. *Encyclopedia of Insects*. San Diego, CA: Elsevier Academic Press, 2009.

药学

Goddard, Jerome. *Physician's Guide to Arthropods of Medical Importance*. Boca Raton, FL: CRC Press, 2007.

Lane, Richard P., and Roger Ward Crosskey. *Medical Insects and Arachnids*. London: Chapman & Hall, 1993.

Mullen, Gary R., and Lance A. Durden. *Medical and Veterinary Entomology*. Amsterdam: Academic Press, 2002.

害虫控制

Ellis, Barbara W., Fern Marshall Bradley, and Helen Atthowe. *The Organic Gardener's Handbook of Natural Insect and Disease Control: A Complete Problem-Solving Guide to Keeping Your Garden and Yard*

Healthy without Chemicals. Emmaus, PA: Rodale Press, 1996.

Gillman, Jeff. *The Truth About Garden Remedies: What Works, What Doesn't, and Why*. Portland, OR: Timber Press, 2008.

Gillman, Jeff. *The Truth About Organic Gardening: Benefits, Drawbacks, and the Bottom Line*. Portland, OR: Timber Press, 2008.

进阶阅读

Alexander, John O'Donel. *Arthropods and Human Skin*. Berlin: Springer-Verlag, 1984.

Berenbaum, May R. *Bugs in the System: Insects and Their Impact on Human Affairs*. Reading, MA: Addison-Wesley, 1995.

Bondeson, Jan. *A Cabinet of Medical Curiosities*. Ithaca, NY: Cornell University Press, 1997.

Burgess, Jeremy, Michael Marten, and Rosemary Taylor. *Microcosmos*. Cambridge: Cambridge University Press, 1987.

Byrd, Jason H., and James L. Castner. *Forensic Entomology: The Utility of Arthropods in Legal Investigations*. Boca Raton, FL: CRC Press, 2001.

Campbell, Christopher. *The Botanist and the Vintner: How Wine Was Saved for the World*. Chapel Hill, NC: Algonquin Books of Chapel Hill, 2005.

Carwardine, Mark. *Extreme Nature*. New York: Collins, 2005.

Chase, Marilyn. *The Barbary Plague: The Black Death in Victorian San Francisco*.New York: Random House, 2003.

Chinery, Michael. *Amazing Insects: Images of Fascinating Creatures*. Buffalo, NY: Firefly Books, 2008.

Cloudsley-Thompson, J. L. *Insects and History*. New York: St. Martin's Press, 1976.

Collinge, Sharon K., and Chris Ray. *Disease Ecology: Community Structure and Pathogen Dynamics*. Oxford: Oxford University Press, 2006.

Cowan, Frank. *Curious Facts in the History of Insects; Including Spiders and Scorpions: A Complete Collection of the Legends, Superstitions, Beliefs, and Ominous Signs Connected with Insects, Together with Their Uses in Medicine, Art, and as Food; and a Summary of Their Remarkable Injuries and Appearances*. Philadelphia: J. B. Lippincott, 1865.

Crosby, Molly Caldwell. *The American Plague: The Untold Story of Yellow Fever, the Epidemic That Shaped Our History*. New York: Berkley Books, 2006.

Crosskey, Roger Ward. *The Natural History of Blackflies*. Chichester, England: Wiley, 1990.

Eisner, Thomas. *For Love of Insects*. Cambridge, MA: Belknap

Press of Harvard University Press, 2003.

Eisner, Thomas, Maria Eisner, and Melody Siegler. *Secret Weapons: Defenses of Insects, Spiders, Scorpions, and Other Many-Legged Creatures*. Cambridge, MA: Belknap Press of Harvard University Press, 2005.

Erzinclioglu, Zakaria. *Maggots, Murder, and Men: Memories and Reflections of a Forensic Entomologist*. New York: Thomas Dunne Books, 2000.

Evans, Arthur V. *What's Bugging You? A Fond Look at the Animals We Love to Hate*. Charlottesville: University of Virginia Press, 2008.

Evans, Howard Ensign. *Life on a Little-Known Planet*. New York: Dutton, 1968.

Friedman, Reuben. *The Emperor's Itch: The Legend Concerning Napoleon's Affliction with Scabies*. New York: Froben Press, 1940.

Gennard, Dorothy E. *Forensic Entomology*: *An Introduction*. Chichester, England: Wiley, 2007.

Glausiusz, Josie, and Volker Steger. *Buzz: The Intimate Bond between Humans and Insects*. San Francisco: Chronicle Books, 2004.

Goff, M. Lee. *A Fly for the Prosecution: How Insect Evidence Helps Solve Crimes*. Cambridge, MA: Harvard University Press, 2000.

Gordon, Richard. *An Alarming History of Famous and Difficult! Patients: Amusing Medical Anecdotes from Typhoid Mary to FDR*. New

York: St. Martin's Press, 1997.

Gratz, Norman. *The Vector-and Rodent-Borne Diseases of Europe and North America: Their Distribution and Public Health Burden*. Cambridge: Cambridge University Press, 2006.

Gullan, P. J., and P. S. Cranston. *The Insects: An Outline of Entomology*. Malden, MA: Blackwell, 2005.

Hickin, Norman E. *Bookworms: The Insect Pests of Books*. London: Sheppard Press, 1985.

Hoeppli, Reinhard. *Parasitic Diseases in Africa and the Western Hemisphere: Early Documentation and Transmission by the Slave Trade*. Basel: Verlag fur Recht und Gesellschaft, 1969.

Holldobler, Bert, and Edward O. Wilson. *The Ants*. Cambridge, MA: Belknap Press of Harvard University Press, 1990.

Holldobler, Bert, and Edward O. Wilson. *The Superorganism: The Beauty, Elegance, and Strangeness of Insect Societies*. New York: W.W. Norton, 2009.

Howell, Michael, and Peter Ford. *The Beetle of Aphrodite and Other Medical Mysteries*. New York: Random House, 1985.

Hoyt, Erich, and Ted Schultz. *Insect Lives: Stories of Mystery and Romance from a Hidden World*. Cambridge, MA: Harvard University Press, 2002.

Jones, David E. *Poison Arrows: North American Indian Hunting and*

Warfare. Austin: University of Texas Press, 2007.

Kelly, John. *The Great Mortality: An Intimate History of the Black Death, the Most Devastating Plague of All Time*. New York: HarperCollins, 2005.

Lockwood, Jeffrey Alan. *Locust: The Devastating Rise and Mysterious Disappearance of the Insect That Shaped the American Frontier.* New York: Basic Books, 2004.

Lockwood, Jeffrey Alan. *Six-Legged Soldiers: Using Insects as Weapons of War*. Oxford: Oxford University Press, 2009.

Marks, Isaac Meyer. *Fears and Phobias*. Personality and psychopathology 5. New York: Academic Press, 1969.

Marley, Christopher. *Pheromone: The Insect Artwork of Christopher Marley.* San Francisco: Pomegranate, 2008.

Mayor, Adrienne. *Greek Fire, Poison Arrows, and Scorpion Bombs: Biological and Chemical Warfare in the Ancient World*. Woodstock, NY: Overlook Duckworth, 2003.

Mertz, Leslie A. *Extreme Bugs*. New York: Collins, 2007.

Mingo, Jack, Erin Barrett, and Lucy Autrey Wilson. *Cause of Death: A Perfect Little Guide to What Kills Us*. New York: Pocket Books, 2008.

Murray, Polly. *The Widening Circle: A Lyme Disease Pioneer Tells Her Story*. New York: St. Martin's Press, 1996.

Myers, Kathleen Ann, and Nina M. Scott. *Fernandez de Oviedo's*

Chronicle of America: A New History for a New World. Austin: University of Texas Press, 2008.

Nagami, Pamela. *Bitten: True Medical Stories of Bites and Stings*. New York: St. Martin's Press, 2004.

Naskrecki, Piotr. *The Smaller Majority: The Hidden World of the Animals That Dominate the Tropics*. Cambridge, MA: Belknap Press of Harvard University Press, 2005.

Neuwinger, Hans Dieter. *African Ethnobotany: Poisons and Drugs: Chemistry, Pharmacology, Toxicology*. London: Chapman & Hall, 1996.

O'Toole, Christopher. *Alien Empire: An Exploration of the Lives of Insects*. New York: HarperCollins, 1995.

Preston-Mafham, Ken, and Rod Preston-Mafham. *The Natural World of Bugs and Insects*. San Diego, CA: Thunder Bay, 2001.

Resh, Vincent H., and Ring T. Carde. *Encyclopedia of Insects*. Amsterdam: Academic Press, 2003.

Riley, Charles V. *The Locust Plague in the United States: Being More Particularly a Treatise on the Rocky Mountain Locust or So-Called Grasshopper, as It Occurs East of the Rocky Mountains, with Practical Recommendations for Its Destruction*. Chicago: Rand, McNally, 1877.

Rosen, William. *Justinian's Flea: The First Great Plague, and the End of the Roman Empire*. New York: Penguin Books, 2008.

Rule, Ann. *Empty Promises and Other True Cases*. New York:

Pocket Books, 2001.

Schaeffer, Neil. *The Marquis de Sade: A Life*. New York: Knopf, 1999.

Talty, Stephan. *The Illustrious Dead: The Terrifying Story of How Typhus Killed Napoleon's Greatest Army*. New York: Crown, 2009.

Ventura, Varla. *The Book of the Bizarre: Freaky Facts and Strange Stories*. York Beach, ME: Red Wheel/Weiser, 2008.

Wade, Nicholas. *The New York Times Book of Insects*. Guilford, CT: Lyons Press, 2003.

Waldbauer, Gilbert. *Insights from Insects: What Bad Bugs Can Teach Us*. Amherst, NY: Prometheus Books, 2005.

Walters, Martin. *The Illustrated World Encyclopedia of Insects: A Natural History and Identification Guide to Beetles, Flies, Bees, Wasps, Mayflies, Dragonflies, Cockroaches, Mantids, Earwigs, Ants and Many More*. London: Lorenz, 2008.

Weiss, Harry B., and Ralph Herbert Carruthers. *Insect Enemies of Books*. New York: The New York Public Library, 1937.

Williams, Greer. *The Plague Killers*. New York: Charles Scribner's Sons, 1969.

Zinsser, Hans. *Rats, Lice, and History*. London: Penguin, 2000.

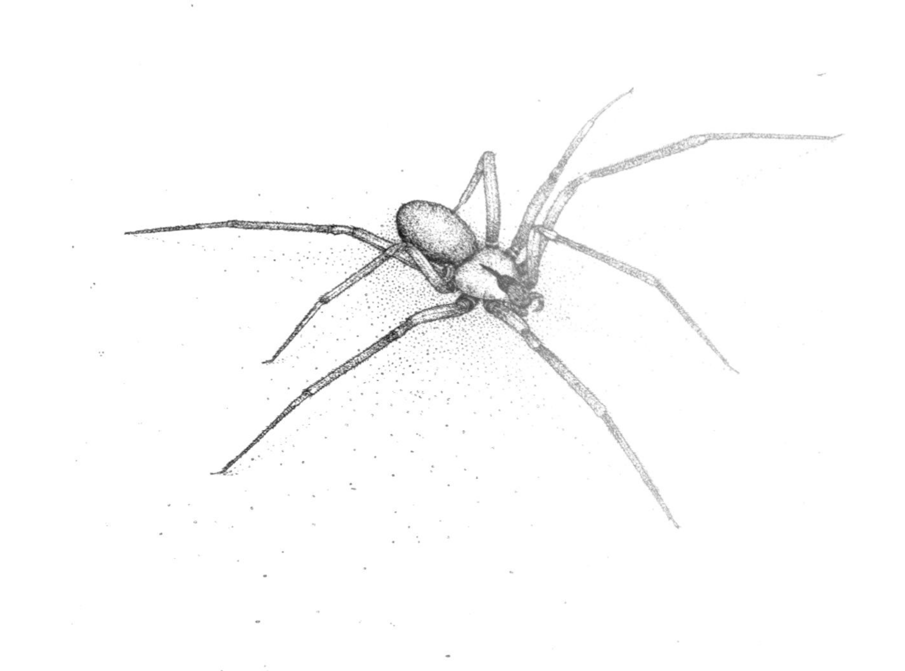

图书在版编目(CIP)数据

邪恶的虫子/(美)艾米·斯图尔特著;花蚀译.—北京:商务印书馆,2021
ISBN 978-7-100-19480-8

Ⅰ.①邪… Ⅱ.①艾…②花… Ⅲ.①昆虫—普及读物 Ⅳ.①Q96-49

中国版本图书馆CIP数据核字(2021)第040938号

邪恶的虫子
〔美〕艾米·斯图尔特 著
花蚀 译

商 务 印 书 馆 出 版
(北京王府井大街36号 邮政编码100710)
商 务 印 书 馆 发 行
北京中科印刷有限公司印刷
ISBN 978-7-100-19480-8

2021年5月第1版 开本880×1230 1/32
2021年5月北京第1次印刷 印张9¼
定价:60.00元